U0145363

超圖解

行銷個案集
成功實戰個案分析

戴國良 著

掌握成功行銷的關鍵

五南圖書出版公司 印行

作者序言

(一)「行銷」的重要性

　　「行銷」（marketing）是企業營運管理重要的一環，也是企業經營的核心功能之一。有些企業把「行銷」與「業務」分開，有些則是合而為一的。不管如何，行銷＋業務是創造公司業績收入最重要的兩個單位。

　　「行銷」的英文稱為「marketing」，亦就是「market」（市場）＋「ing」（進行式）的意思，意指企業無論何時何地都要促進市場的行動，達成銷售業績目標。因此，行銷具有高度動態的意思，並且機動、彈性地面對市場的快速變化。

　　企業行銷若能有效率又有效能地運作，加上又能持續創新，企業必能成功致勝，甚至成為長青企業與百年品牌。

(二) 本書特色

　　本書是作者的精心之作，主要有七大特色：

1. 精選各行各業行銷個案，涵蓋層面廣
　　　　本書蒐集並精選各行各業中的數十個個案，涵蓋層面非常廣，且具有代表性，應能完整地表達行銷的面向與功能。

2. 超圖解式個案編排，一目了然
　　　　本書改採文字段落與圖示的混合搭配，閱讀文字段落與圖示，就能理解個案的重點所在，增加簡易的閱讀性。

3. 重要「觀念」及「關鍵字」提示
　　　　本書每個個案結束後，將會把整個個案中的極重要關鍵字及觀念再次精簡扼要的提示，以強化個案的學習效果。只要能學習到觀念與關鍵字，將能吸收到廣大的行銷學知識。

4. 全國唯一的一本
　　　　本書到目前為止，是國內唯一一本以本土企業行銷個案分析集為主要

內容的教科書及商管書籍，值得作為上班族個人進修學習，以及大學老師授課教材的最佳參考工具書。

5. 資料新穎可與時俱進

本書廣泛蒐集資料，且是最近一、二年的個案資料，這些資料可說是最新且最具全方位與最具本土實務實戰的資料。

6. 增強公司人才競爭力

公司內部教育訓練或讀書會，若將本書列入必讀教材，必可使公司員工都能擁有正確與全方位的行銷知識，也必能加速提升貴公司的人才資源競爭力，而超越對手。

7. 加強行銷知識，晉升中高階主管

若能閱讀完本書，必能使行銷知識與功力大增，這對未來晉升為公司的中高階主管，將會帶來很大助益。

(三) 結語

本書的出版，耗費作者很多的資料蒐集、整理、撰寫及思考的時間。如今能夠順利出版，非常感謝五南及書泉出版公司的相關編輯及主編們，相信本書會造福那些極須了解及學習企業行銷知識的廣大上班族與大學學生們。

本書的撰寫及出版動力，全部來自於讀者的鼓勵及需求。今天，我能將數十年來所懂的及所認為重要的企業行銷知識撰寫出來，也是我將此知識流傳給未來世代朋友們的一份禮物。

深深感謝各位讀者們的支持與鼓勵，希望你們的未來人生，都會有一趟美好、順利、健康、成長、幸福與成功的人生旅途！在每一分鐘的歲月裡，感謝大家！感恩、再感恩！

戴國良

Mail: taikuo@mail.shu.edu.tw

簡要目錄

目錄

Chapter 1

超商百貨類

1-1 全聯：臺灣第一大超市的成功行銷祕訣

1. 開始打廣告，以省錢為訴求

　　全聯剛開始幾年，都沒有打廣告，只是一味的加速展店。展店是全聯剛開始最重要的任務。

　　到 2006 年，全聯才開始思考要打廣告。因此，決定請奧美廣告公司協助拍攝第一支廣告片，並且決定找一個素人做全聯省錢的代言人，這位素人，就是「全聯先生」。

　　2007 年，全聯拍了 3 支電視廣告，其主題分別訴求「便宜一樣也有好貨」，推出〈洗髮精篇〉、〈米果篇〉、〈面紙篇〉等 3 支精彩的電視廣告。廣告播出後，全聯形象爆紅，全聯先生也爆紅，深刻的打中家庭主婦的內心，大大地提升全聯品牌的知名度、印象度及好感度。

　　2009 年的〈國民省錢運動篇〉也一直在訴求全聯，可以為消費者真正省到錢。

　　2015 年，推出「全聯經濟美學」系列廣告，大幅提升全聯不只是經濟省錢，更是一種年輕、時尚的感受，亦就是「省錢＋時尚」的主力訴求。

　　2018 年，全聯則是訴求大家多回家做菜，並推出週三是爸爸回家吃飯的日子，以促銷生鮮食品。

　　2019 年，全聯推出行動支付任務，以 PXPay 為主力訴求，短短幾個月時間，從 900 萬會員中，即有 200 萬人使用 PXPay。

　　目前，全聯每年至少投入 8000 萬元做廣告宣傳，以其年營收 1200 億元來計，此種行銷宣傳預算還不到 1%。

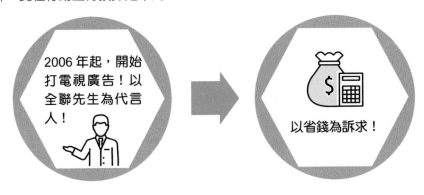

2. 主題及節慶行銷操作

全聯除了電視廣告片創意製作之外，也會採取主題行銷操作，即把同類產品品牌聚集在一起，形成一個主題，再加上宣傳力道，提升購買。例如：曾經舉辦「咖啡大賞」、「衛生棉博覽會」、「健康美麗節」等。此外，全聯也會搭配重要節慶，進行促銷活動。例如：週年慶（12月）、年中慶（6月）、中元節（8月）、中秋節（9月）、聖誕節（12月）、元旦（1月）、春節（2月）、母親節（5月）、父親節（8月）等節慶促銷活動。

此外，也有每月舉辦的「知名品牌月」的商品促銷活動。效果均非常不錯，大幅提升消費者購買意願。

全聯主題行銷

咖啡大賞　健康美麗節　集點行銷　衛生棉博覽會　知名品牌月

3. 集點行銷，強化黏著度

最早的集點行銷活動，是由統一超商發動的 Hello Kitty 公仔贈送的集點活動，形成一股風潮。

全聯在這幾年也模仿集點行銷活動，創下不錯的成效。2015 年的集點活動，以德國雙人牌刀具為贈品，創下業績二位數成長。2016 年的集點活動，則以德

國精品廚具 WMF 鍋具為贈品，造成市場轟動，換購數量達 24 萬個。2018 年，推出傑米‧奧利佛廚具集點換購活動，累計換購 147 萬件商品，創下最高記錄。這些集點活動，都大幅提升該檔期內的業績成長，沒想到小小一張印花貼紙，竟有如此驚人效果。

　　集點行銷活動可以有效拉升顧客的黏著度，為各大零售公司常用手法。但全聯則透過精準的選擇換購產品，以及合理的貼紙總數金額，才能吸引顧客多購買以累計金額，順利集點成功，而換到自己喜歡的廚具產品。

4.「福利卡」行銷

　　全聯至今已發行 900 萬張的福利卡，此卡即是紅利集點卡，亦即有千分之三的回饋率。顧客每次購買都會用此卡來累積紅利點數，將來可以折抵現金。此種卡，幾乎在各大零售業都會發行。

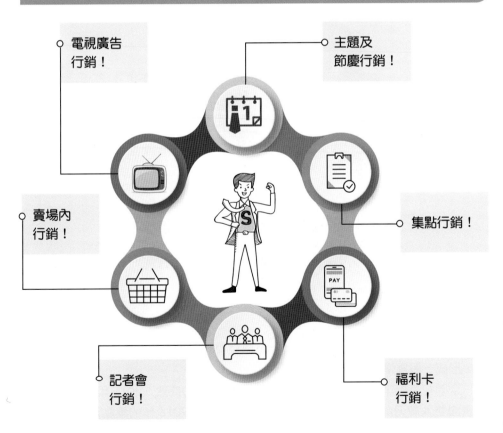

全聯：6 項行銷策略

電視廣告行銷！

主題及節慶行銷！

賣場內行銷！

集點行銷！

記者會行銷！

福利卡行銷！

5. 記者會行銷

全聯每逢有重大事件時，總會舉行記者會，媒體也會踴躍出席，並在當天或隔天，做大幅度的新聞報導露出。此對全聯而言，將達成記者會宣傳的目的。

6. 賣場內的廣宣招牌

全聯很重視賣場內的各種廣宣招牌呈現，以吸引消費者目光，加強購買的欲望。例如：在每一個產品的價格小招牌，上面總是寫著原價格與優惠福利價格兩者，吸引消費者做比較，達到省多少錢的誘因。

全聯：900 萬張福利卡

全聯第一大超市

發行 900 萬張福利卡！

鞏固忠誠度！

你今天學到什麼了？
—— 重要觀念提示 ——

1. 打電視廣告一定要有一個「訴求重點」，並且要打動人心。例如：全聯剛開始的電視廣告的主力訴求，就是為消費者「省錢」，所以喊出「便宜一樣也有好貨」，並由素人「全聯先生」演出，相當成功，打響了全聯在全國的知名度。

2. 集點行銷也是零售百貨業經常操作的一項行銷工具。全聯以集點換購歐洲名牌的廚房用具，成功吸引家庭主婦來集點，拉升不少營業額。集點行銷要注意的是，一是集點的門檻不要太高，二是換購的產品要有很強吸引力才行。

3. 會員卡的發行，已普遍在各大行業應用，這種紅利集點或折扣式的會員卡，確實對回購率有助益，是重要的操作方式之一。

行銷關鍵字學習

1. 廣告片訴求重點
2. 廣告片傳播溝通重點
3. 廣告片傳播主軸
4. 素人代言 vs. 藝人代言
5. 主題行銷
6. 節慶行銷
7. 集點行銷
8. 強化顧客黏著度
9. 紅利集點卡、會員卡
10. 記者會行銷
11. 賣場內廣宣招牌（店頭行銷）
12. TVC、TVCF（電視廣告片）
13. 會員卡＝忠誠卡

問題研討

1. 請討論全聯的廣告行銷策略為何？
2. 請討論全聯的主題及節慶促銷活動為何？
3. 請討論全聯的集點行銷策略為何？
4. 總結來說，從此個案中，你學到了什麼？

1-2 臺北信義區：百貨公司的競爭戰役

1. 0.5 平方公里聚集 14 家百貨公司

迄 2020 年 8 月底為止，臺北信義區僅 0.5 平方公里區域內，竟聚集了 14 家百貨公司。這 14 家百貨公司每年營收額達 800 億元，可說是 800 億元消費產值的競爭戰役，也可說是全球吸金密度最高的戰區。

這 14 家百貨公司的定位特色及年營業額，說明如下：

(1) 新光三越 A11 館：

　定位：潮流年輕館，常有快閃活動。

　年營業額：58 億元

(2) 新光三越 A8 館：

　定位：以親子家庭主題為重心。

　年營業額：82 億元

(3) 新光三越 A9 館：

　定位：男仕比重高，有多家大人系酒吧

　年營業額：40 億元

(4) 新光三越 A4 館：

　定位：精品館

　年營業額：53 億元

(5) 微風信義館：

　定位：主打國際精品與流行時尚

　年營業額：56 億元

(6) 微風松高館：

　定位：鎖定年輕客群，獨家引進潮流品牌

　年營業額：25 億元

(7) 微風南山館：

　定位：集團最大賣場，餐飲比重近五成

　年營業額：50 億元

(8) 臺北 101：

　定位：精品旗艦店聚集

年營業額：155 億元

(9) ATT 4 FUN：

定位：PUB、夜店與火鍋店，主客群為年輕人

年營業額：50 億元

(10) Neo 19：

定位：結合運動、飲食與娛樂，採店中店經營模式

年營業額：12 億元

(11) 統一時代百貨：

定位：主打平價流行服飾與美食

年營業額：55 億元

(12) 誠品信義店：

大型藝術、書籍、生活用品

年營業額：25 億元

(13) BELLAVITA：歐洲精品首選

年營業額：50 億元

(14) 遠東百貨 A13 館：

定位：蘋果旗艦店、威秀頂級影廳

年營業額：50 億元

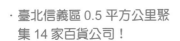

臺北信義區：聚集 14 家百貨公司

· 臺北信義區 0.5 平方公里聚集 14 家百貨公司！

· 年產值 800 億元！
· 新光三越、微風百貨、遠東百貨、誠品、ATT 4 Fun、臺北 101 百貨！

2. 新光三越老大的看法

新光三越在信義區內有 4 個分館，合計 200 多億營業額，是最早在此區域經營的百貨公司，可以說是老大。新光三越總經理吳昕陽表示：「沒有人能預測，二年後消費市場會怎麼變，因此，即時對應就是方向，方向錯了就改。只有虛心面對市場，隨時調整應變，向市場學習，才是長保領先的關鍵。」[1]

吳昕陽總經理又表示：「新光三越已經是信義區裡面最大的，每個加入者都帶進新的人流，我們將會是最大的受益者。面對市場的快速競爭，新光三越將不畏戰，已準備好了。零售業永遠在調整、前進及再調整中，但現在我們不再害怕各方的挑戰，而是歡迎大家一起做大這個市場。」[2]

新光三越：應對之道

只有虛心面對市場，隨時調整應變，向市場學習，才是長保領先的關鍵！

參考來源：

1 《今周刊》，〈臺北信義區百貨燙金戰記〉，第 1185 期，2019.9.19，頁 93。
2 同上，頁 104。

你今天學到什麼了？
―― 重要觀念提示 ――

1. 快速向市場學習：
   市場永遠是行銷人員的導師，我們永遠要跟著導師的方向及步伐前進。並且快速向市場學習，就能掌握市場的方向與變化。

2. 調整、前進、再調整：
   成功行銷人員必定是隨時、機動、快速的調整、前進、再調整，直到成功為止。

行銷關鍵字學習

1. 隨時要應對市場的變化
2. 快速向市場學習，才是長保領先的關鍵
3. 面對變化，要不畏戰，並且已經準備好了
4. 歡迎大家一起做大這個市場
5. 永遠要調整、前進、再調整，直到成功為止
6. 方向錯了，就馬上改過來

問題研討

1. 請討論臺北信義區內有哪 14 家百貨公司，各自的定位如何？
2. 請討論新光三越總經理對臺北信義區高度競爭的看法如何？
3. 總結來說，從此個案中，你學到了什麼？

1-3 臺灣無印良品：營收長紅 15 年的經營祕訣

1. 企業簡介

根據無印良品臺灣官網顯示[1]，「日本無印良品（MUJI）自 1980 年創立以來，以不標榜品牌，注重本質的商品價值與簡約設計為理念。

臺灣無印良品自 2004 年成立第一家微風門市至今，以生活提案專門店為主軸，致力於提倡簡約、自然富質感的 MUJI 式現代生活哲學，提供機能實用、價格合理、品質優良的商品，滿足生活所需。」

2. 產品策略與定價策略

臺灣無印良品的產品，大都由日本設計、中國代工製造，以及由日本負責品管並運送到臺灣來。其完整的產品系列計有：家具、家飾品、小家電、文具、美容保養、衣料品、織品、廚具、餐具、家庭清潔、收納用品、床包、被套、枕套等系列產品齊全。目前，品項數為 4100 項。

根據臺灣無印良品官網顯示，其商品開發策略堅持四大原則[2]：

(1) 簡單實用的設計，不添加多餘裝飾。
(2) 基本且低調的色彩，能自然的融入各環境中不顯突兀。
(3) 追求品質與價格的平衡，使物有所值。
(4) 提案滿足生活各式需求的商品，體現完美生活。

日本無印良品四大商品開發原則

01 簡單實用的設計！

02 基本而低調的色彩！

03 追求品質與價格的兩者平衡！

04 體現消費者美好生活！

參考來源：

1 本段資料來源，取材自臺灣無印良品官網。（www.muji.com.tw）
2 本段資料來源，取材自臺灣無印良品官網。（www.muji.com.tw）

　　而在價格策略方面，無印良品採取的是中高價位策略，每件商品平均價格大約在數百元到數千元之間。這種價位，臺灣消費者尚可接受。

3. 通路策略

　　目前，臺灣無印良品的直營門市店大約有 48 家店，這些店大都設點在一流的百貨公司內部或購物中心內部，包括微風廣場、新光三越、SOGO 百貨、新竹大遠百、遠東百貨、漢神百貨、夢時代購物中心、遠企購物中心、大葉高島屋、大直美麗華、中友百貨等。直營門市店比較好控管它的品質。

4. 連續營收成長 15 年，如何做到

　　根據《今周刊》一篇採訪臺灣無印良品的文章報導[3]：2019 年臺灣無印良品營收近 50 億元，不只連續 15 年成長，且每年成長率都超過 10%。究竟臺灣無印良品是如何做到的。該公司梁益嘉總經理分析有二大要因，一是在地化，二是重視加值服務。

　　以在地化來說，臺灣無印良品原本販售的床，是採用日本規格，但問題來了，聽到消費者反映，才發現日規床包的寬度與臺灣差了 10 公分，因此馬上與總部溝通，把商品規格在地化。

　　除了產品在地化外，在行銷操作、用人政策、管理模式，也儘量力求在地化。

無印良品：全臺 48 店，創造 50 億元營收

全臺 48 店

・創造 50 億元年營收！
・連續 15 年營收成長！
・亞洲第二個高營收的海外子公司！

參考來源：

3　本段資料來源，取材自《今周刊》，第 1183 期，頁 114-115。

除了在地化外，接下來就是服務，包含開店標準、員工的制度等在內。其實，日本無印良品總部有制定一套完整的門市端管理基準，稱為「MUJI GRAM」，每 3 個月就會更新一次。除此之外，臺灣無印良品還提供從銷售延伸出來的 3 個顧問服務，即：(1) 幫顧客找到最適合收納家具的家具配置顧問、(2) 協助服裝搭配的服飾造型顧問，以及 (3) 體驗服務顧問等。

5. 推廣策略

　　臺灣無印良品的推廣策略比較單純，它很少做電視媒體及數位媒體廣告，主要依賴的是：一為媒體正面報導、二為賣場的折扣促銷活動及節慶促銷活動、三為 MUJI passport，即透過手機 APP 的紅利點數集點優惠。

6. 關鍵成功因素

　　臺灣無印良品在國內的成功經營，可歸納為以下六大因素，說明如下：

(1) 日本第一品牌與強大聲望的加持：

　　無印良品在日本是該領域市場的第一品牌，其品牌的知名度、好感度及忠誠度是很高的，進入臺灣市場自然也能夠延續這種強大品牌力與聲望的加持，可以減少很多新品牌重新打造的時間及力量。

(2) 產品優質、有特色：

　　無印良品以簡約及樸實為特色，並高度管控品質，使其產品力在臺灣深受肯定。

(3) 有一群喜歡日本產品的粉絲支持：

　　臺灣文化、人文、消費習性與日本相近，更有一群喜歡日本文化及產品的鐵粉支持無印良品，這些鐵粉成為其營收鞏固的基本來源。

(4) 在地化：

　　無印良品在臺灣的在地化，執行的很澈底，包括產品、廣宣、用人、管理、服務等均力求臺灣本土化，以迎合本地消費者的需求。

(5) 加值服務：

　　秉持日本無印良品重視服務的理念，臺灣無印良品也加入臺灣服務加值的元素及內容，使顧客深有好感。

(6) 口碑不錯：

　　整體來說，臺灣無印良品在國內社群媒體上的正面口碑聲量不錯，形成口碑相傳的好效果。

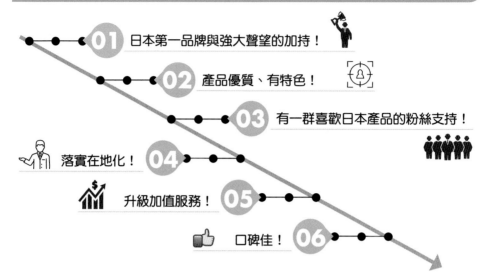

無印良品：6 項成功關鍵因素

- 01 日本第一品牌與強大聲望的加持！
- 02 產品優質、有特色！
- 03 有一群喜歡日本產品的粉絲支持！
- 04 落實在地化！
- 05 升級加值服務！
- 06 口碑佳！

你今天學到什麼了？
── 重要觀念提示 ──

1. **產品優質有特色：**
   無印良品具有簡約、自然、符合人性的設計特色，加上品質穩定，構成它的優質產品力，具有不少愛好日本產品的粉絲群支持。

2. **營收連續成長 15 年：**
   在成長飽和與激烈競爭的時代環境中，臺灣無印良品能夠營收連續成長 15 年，是值得肯定的。

3. **門市店管理手冊：**
   無印良品為使各門市店有一致性的服務水準，因此，推出每位門市人員必須學習的管理手冊，才可提高門市競爭力。

行銷關鍵字學習

1. 注重本質的商品價值
2. 簡約設計理念
3. 齊全的產品系列
4. 追求品質與價格的平衡
5. 生活提案
6. 營收連續成長 15 年
7. 在地化
8. 重視現場加值服務
9. 門市店管理基準手冊
10. 媒體正面報導
11. 強大品牌力
12. 產品優質有特色
13. 有一群喜愛日本產品的粉絲群

問題研討

1. 請討論無印良品的企業簡介為何？
2. 請討論無印良品的產品及定價策略為何？
3. 請討論無印良品的通路及推廣策略為何？
4. 請討論無印良品為何連續 15 年營收均成長？
5. 請討論無印良品的成功關鍵因素為何？
6. 總結來說，從此個案中，你學到了什麼？

1-4 日本大創：百元商店的低價經營策略

1. 日本大創百元低價連鎖商店

日本百元商店市場規模達 7000 億日圓，其中，大創市占率占 60%，年營收額為 4200 億日圓，第二名是 Seria 占 20%。大創全日本有 3200 家分店，海外 2000 家分店，全球總計 5200 家分店，分布在 26 個國家。

大創品項以居家日用品、文具、廚房用品三大類為主，99% 均為自有品牌（private brand, PB），產品從企劃、開發、進出口、物流、銷售、結帳等均一手自己掌握，唯有製造部分才外包，國外 OEM 代工廠有 1400 家，分布在 45 個國家。

由於具有規模經濟效益，故能達到低價及高品質。大創每年從海外進口 10 萬個貨櫃，一天至少處理 200 個貨櫃。

大創的商業模式，有四大特色及訴求，包括：

(1) 低價（100 百圓，相當 30 元臺幣）
(2) 高品質
(3) 娛樂性（尋寶感受）
(4) 獨特性

大創店鋪坪數，從都會區的數 10 坪到郊區的 2000 坪大店均有。

日本大創：獨特經營模式

商品企劃 ➡ 開發 ➡ 進出口 ➡ 物流 ➡ 銷售 ➡ 結帳

代工製造

·一條龍作業模式！
·具有規模經濟效益！

2. 美國 Dollar Tree 低價連鎖店

美國最大的低價連鎖店為 Dollar Tree，全美有 1.5 萬家店，店坪數在 200 坪，主要開在城鎮區，具有五大經營特色：

(1) 低價（1 美元）

(2) 多樣化商品

(3) 高品質

(4) 便利

(5) 尋寶樂趣

該連鎖店 60% 在美國境內生產，40% 為國外進口；每店有 25% 屬季節商品，每季會更換 50% 商品。

3. Dollar General 低價連鎖店

美國另一家低價連鎖店為 Dollar General，店面約在 200 坪以上，主要品項為家用品、消費品、冷凍食品等。開在鄉村地區居多，價格比一般超市便宜 20% 以上，像是小型折扣商店。

4. 不受電商影響

在電商（網購）快速成長時代，100 日圓及 1 美元商店，一點都不受電商影響，主因是這些連鎖店強調低價、便利、多樣化、尋寶樂趣、高品質等五大經營特色，此種特色不是電商輕易可以切入的。上述這些低價連鎖店具有自己差異化特色、獨特定位及一條龍垂直整合商業模式，才能避免電商強力競爭，而創造出成功的營收及獲利。

日本及美國低價連鎖店：勝出五大因素

01 低價

02 高品質

03 便利

04 尋寶娛樂性

05 多樣化

你今天學到什麼了？
── 重要觀念提示 ──

1. 垂直整合一條龍作業模式：
日本大創低價連鎖店擁有獨特的垂直整合一條龍作業模式，創造出它的獨特性及規模性，故有相當的競爭優勢，也有高的進入門檻。

2. 規模經濟效益：
當連鎖店數達到數百家、數千家的時候，它的規模經濟效益就會出現，即具有成本及費用的相對競爭優勢。

行銷關鍵字學習

1. 百元低價連鎖商店
2. 具有規模經濟效益
3. 低價，但高品質
4. 娛樂性、獨特性
5. 一條龍作業模式
6. 多樣化商品
7. 不受電商影響
8. 垂直整合商業模式
9. 企劃→開發→進出口→物流→銷售

問題研討

1. 請討論日本及美國低價連鎖店能夠勝出的五大因素為何？
2. 請討論日本大創公司的獨特經營模式為何？
3. 請討論何謂 private brand（PB 商品）？有何好處？
4. 請討論日本及美國的低價連鎖店為何不受電商影響？
5. 總結來說，從此個案中，你學到了什麼？

1-5 SOGO、新光三越：週年慶怎麼打

1. 成長率低的原因

　　2019 年百貨業業績成長率僅 1% 而已，非常低，其原因有下列 5 點：

(1) 中美貿易戰，美國對中國大部分品項都提高 1-25% 的高關稅，導致臺灣外銷訂單的衰退。

(2) 臺灣電商（網購）及快時尚的快速成長，瓜分掉不少百貨公司服飾類的銷售業績。

(3) 臺灣少子化、老年化快速演變，使消費人口顯著縮減。

(4) 軍公教年金改革，使軍公教人口減少外出消費。

(5) 百貨公司產業的生命週期，已達到成熟飽和期，要再大幅成長已屬不可能。能不大幅衰退，已是萬幸了。

2. SOGO 百貨週年慶怎麼打

(1) 在週年慶之前的準備：

　　SOGO 百貨在週年慶來臨之前的 3 個月，就已經積極尋求各廠商專櫃，要求給出最大幅度的折扣優惠及提出最佳新品項準備來賣，這就是 SOGO 喊出「Only SOGO」（只在 SOGO 百貨賣的獨家產品的意思）。

(2) 同業週年慶進行中：

　　SOGO 百貨在同業週年慶進行中，通常會由資深副總吳素吟帶領小團隊到主力對手新光三越百貨現場去各樓層觀察及蒐集消費者情報，每次一待就是 3 小時之久，主要觀察 3 件事：

① 人潮多不多，提袋率高不高，哪一層樓人潮最多及最少。

② 整體買氣如何。

③ 消費者眼神落在哪些產品上，興不興奮。

　　這就是「現場市場力」的實戰觀察。

SOGO 百貨：市場力

01 透過鋪天蓋地的情報蒐集！

＋

02 觀察顧客眼神變化！

・市場力的發揮！

(3) 自家週年慶之前的媒體宣傳：

　　SOGO 百貨在自家週年慶之前與之後的媒體宣傳，主要有 6 項宣傳作法：

① 強力播放 20 秒電視廣告片，總費用約 500 萬元播放費用，以使週年慶訊息得到大量曝光，進而吸引消費大眾。

② 印製及寄出大本 DM，針對去年週年慶曾來購買的顧客，都會寄出大本商品 DM。每年至少寄出 10 萬份，成本高達 200-300 萬元之多。

③ 平面報紙的廣告，則是集中在週年慶之前的一天及當天，刊登全二十大幅《蘋果日報》廣告。

④ 官網及粉絲專頁，會登出週年慶優惠訊息。

⑤ 記者會舉行，在週年慶前 3 天會舉行記者會，作為公關宣傳。

⑥ 協調各大電視媒體、平面媒體、網路新聞媒體，多多刊登 SOGO 週年慶的訊息露出，以尋求更多的曝光聲量。

(4) 自家週年慶開跑時：

　　SOGO 百貨在週年慶正式開始時，每天下午 1、3、5、7、9 點，每 2 個小時，吳資深副總都會拿到一張「銷售明細表」，可知道哪裡賣得好、哪裡賣得不好；賣不好的樓層或專櫃，就立即找各樓面主管及商品各課課長討

論如何改善。隔天早上，就須提出補救措施，一切以「行動要快」為要求原則。

SOGO 百貨：每兩小時回報業績

每天下午 1、3、5、7、9 點，即時回報銷售業績！

· 追踪銷售結果好不好！
· 隔天就須提出答案及補救措施！

3. 新光三越週年慶怎麼打

新光三越在週年慶之前半年，已將 190 萬會員卡會員，依照下列 2 項原則區分為 20 個群體（group），此 2 項原則如下：

(1) 依過去 3 年在新光三越的消費記錄。

(2) 依平日 EDM 電子報的點擊產品興趣。

根據今年實際業績顯示，這 20 個群體的商品 DM 寄出，而會回來週年慶購買的比例（即回應率）高達五成之多，算是有效的直效行銷及精準行銷操作。

此外，新光三越 2019 年開始，亦極力開展 APP 與行動支付（skm pay）的數位行銷操作，希望能爭取年輕客群到新光三越購物。

你今天學到什麼了?
—— 重要觀念提示 ——

1. 現場實戰觀察及同業情報蒐集:
   SOGO 百貨高階人員在週年慶時,派員到同業百貨公司裡面去現場實戰觀察及蒐集情報,是行銷人員必須學習的。唯有自己親眼看到及體會到,才會有切身感受,也才知道自己要如何做。

2. 一切行動要快:
   賣場就是戰場,在賣場所呈現的數據及顧客行為,行銷人員必須有立即的、快速的回應行動方案,並靠強大執行力,就會成功。

行銷關鍵字學習

1. 成長率僅 1% 而已
2. 中美貿易大戰影響
3. 少子化、老年化
4. 百貨公司產業生命週期
5. 成熟飽和期
6. 百貨公司週年慶
7. 最大幅度的折扣優惠
8. Only SOGO(只在 SOGO 百貨賣的獨家產品)
9. 提袋率
10. 整體買氣
11. 消費者眼神落在哪些產品上
12. 現場市場力的實戰觀察
13. 同業情報蒐集
14. 觀察顧客眼神變化
15. 週年慶媒體宣傳
16. 更多曝光聲量
17. 一切行動要快
18. DM 回應率

問題研討

1. 請討論百貨公司業績成長率為何只有 1% 而已，其五大原因為何？
2. 請討論 SOGO 百貨公司對週年慶是如何打法？在之前的準備、在對競爭對手的觀察、在自家的進行等三階段有何作法？
3. 請討論 SOGO 週年慶如何做媒體宣傳？
4. 新光三越百貨的週年慶又是如何打法？
5. 總結來說，從此個案中，你學到了什麼？

1-6 統一超商：7-ELEVEN 第一品牌的行銷術

統一超商（7-ELEVEN）成立已經 35 年，多年來，始終是國內便利商店的領導品牌，年營收超過 1500 億元，獲利率為 6%，每年本業獲利 90 億元以上。

以下將從行銷 4P 的角度，來分析統一超商的成功行銷術：

1. 產品策略

統一超商每一個門市店的品項都超過 2000 項，品項非常多元化、齊全化，包括食品、飲料、咖啡、鮮食便當、關東煮、泡麵、麵包、啤酒、香菸、消費日用品、書報雜誌……。統一超商的產品策略，有以下幾項特色：

一是日常消費品占比達 60% 以上。此即消費者每天必須消費的循環性商品，成為每天營收來源的高度穩定性，也就是 7-ELEVEN 每天開門營業，就會有生意可以做。

二是統一超商每年產品的更替率高達 20% 以上。也就是説，有 20% 的產品會受新產品、新品牌上架影響而被下架。這是統一超商求新求變的策略。

三是統一超商為求最高坪效，上架的產品，必然都是每一個品類產品的前三大品牌，這樣才好銷售，才能創造好業績。

四是統一超商任何創新，都能站在顧客立場，以顧客為出發點。如何在產品上盡可能滿足顧客的需求，以及販售顧客真正想要的產品及品牌，也就是統一超商高度實踐了以顧客為導向的根本原則。

2. 通路策略

統一超商經過 35 多年的經營發展，使得全臺的總店數突破了 5600 家店，市占率超過 50% 之高，成為全臺便利商店的超級領導品牌。這 5600 家店，其中有九成以上都是加盟店。這 5600 家店對消費者的最大貢獻，就是「方便」兩個字，方便也是價值的體現。

近幾年來，統一超商在通路上的開發策略，主要有 3 點：

一是大店化。過去 7-ELEVEN 每家店的坪數大約是 20-30 坪之間的中小型店，但這幾年來，均轉換為 30-50 坪的中大型店，使得視野更加寬闊及容納更多品項。

二是餐桌化。現在 7-ELEVEN 店內幾乎都有簡易型的餐桌，可提供消費者坐

下用餐，增加便利性，也拉升了更多銷售鮮食便當的商機。

三是特色化。過去 7-ELEVEN 是講求標準化的布置及裝潢，但現在則是力求每個地點都要有當地特色化的店鋪呈現，避免過於單調的統一化。

7-ELEVEN 通路發展策略三大點

大店化

餐桌化

地方店特色化

3. 定價策略

一般來說，臺灣便利商店的產品定價都比超市及量販店、藥妝店價格略高 5-15%，但因為便利性考量，故大部分消費者都不會在意它的略高價格。再加上都是一般民生日常消費品，單價都比較低，因此，也沒有特別高價的感受。便利商店產品價格比較高的原因之一，是因為還要分一些利潤給加盟主。

4. 推廣策略

統一超商的推廣策略，非常靈活，每年都有 1 億元以上的媒體宣傳預算，但這只占年營收額 1500 億元的 1% 而已。其推廣作法主要有下列幾種：

(1) 集點行銷（集點送贈品、送公仔）
(2) 第 2 杯咖啡半價
(3) 第 2 件商品八折
(4) 電視廣告（主要為宣傳產品型的廣告片）
(5) 網路、社群、行動廣告
(6) 公益活動

5. 關鍵成功因素

總結來說，統一超商的成功，並且長期 35 多年位居龍頭領導地位，其主要因素如下：

(1) 先入市場優勢：

統一超商 35 年前就率先投入便利商店經營，領先第二大的全家便利商店至少 8 年之久，此就造成它先入市場（pre-market）的競爭優勢，並使第二名的全家無法跟上。

(2) 店數最多，市占率最高：

統一超商全臺有 5600 家店，遙遙領先第二名全家的 3600 家店，且市占率突破 50% 之高，沒有人可以超越。

(3) 不斷創新、求新求變：

統一超商雖在第一名地位，但它仍在各領域不斷研發創新、求新求變，持續站在顧客立場與需求上，從產品、服務、行銷宣傳、公益活動上，力求精進與再進步。

(4) 定位成功：

統一超商自始至終都以「社區的好鄰居」為自居，始終都為社區內的消費者提供更好、更快、更便利、更安全、更完整的產品與服務。

(5) 品牌形象鞏固化：

統一超商或是 7-ELEVEN，在臺灣已是非常具有高知名度、好感度、忠誠度及黏著度的品牌，其品牌印象具有相當的鞏固化，已不易被動搖。

(6) 服務品質保持一致：

統一超商對加盟店有嚴謹的教育訓練過程，因此現場服務人員都有一定的品質水準，保持良好的社會口碑。

(7) IT 與物流的現代化：

統一超商的成功，其在 IT 資訊系統及物流配送方面均有良好且現代化的搭配，其貢獻很大。

(8) 加盟主貢獻大：

統一超商經營的背後，有幾千名加盟主支撐著 5600 家店的每天經營，對統一超商的每天營收創造，是最大的第一線貢獻者。

(9) 行銷宣傳成功：

統一超商有一流的行銷宣傳，把 7-ELEVEN 品牌力打造的非常成功，位居便利商店第一品牌領導地位始終不變。

統一超商：9項關鍵成功因素

01 先入市場優勢

02 店數最多、市占率最高！

03 不斷創新！求新求變！

07 IT與物流的現代化！

06 服務品質保持一致！

05 品牌形象鞏固化！

04 定位成功！

08 加盟主貢獻大！

09 行銷宣傳成功！

統一超商：近年來的改變創新

01 大店化！（30-50坪）

02 餐桌化！

03 特色化！

04 複合店（店中店）化！

05 鮮食便當改革化！

06 網購店內取貨！

你今天學到什麼了？
——重要觀念提示——

1. 以顧客為出發點！販賣顧客真正想要與需要的產品及服務：
統一超商能夠行銷成功，其核心所在，為總是能以顧客為出發點，融入顧客情境，販賣顧客真正想要與需要的產品及服務，值得大家學習。

2. 集點行銷：
統一超商是最早一家成功推出集點行銷的零售公司，後來很多公司也模仿跟進，已成為行銷操作的重要方式之一。

行 銷 關 鍵 字 學 習

1. 品項非常多元化、齊全化
2. 每年產品替換率達 20-30%
3. 最大坪效
4. 以顧客為出發點
5. 販賣顧客真正想要、需要的產品
6. 店型大店化、餐桌椅化
7. 打造地方特色店
8. 集點行銷
9. 促銷活動
10. 公益行銷
11. 先入市場優勢
12. 不斷創新；求新、求變
13. 品牌印象鞏固化
14. 加盟主貢獻化
15. 行銷宣傳成功

問題研討

1. 請討論統一超商的產品策略及定價策略為何？
2. 請討論統一超商的通路策略為何？
3. 請討論統一超商的行銷推廣策略為何？
4. 請討論統一超商的成功關鍵因素為何？
5. 總結來說，從此個案中，你學到了什麼？

Chapter 2

食品飲料類

2-1 統一泡麵：全國市占率最高泡麵的行銷祕笈

1. 全臺泡麵市占率第一

　　全臺泡麵市場高達 110 億元，各家品牌的市占率依序為：(1) 統一（占 48%）、(2) 維力（占 20%）、(3) 味丹（占 19%）、(4) 進口品牌（占 9%）、(5) 味全（占 4%）。其中，統一泡麵年營收額達 50 億元，市占率達 48%，將到達一半之多，顯示臺灣泡麵市場是統一企業的天下。

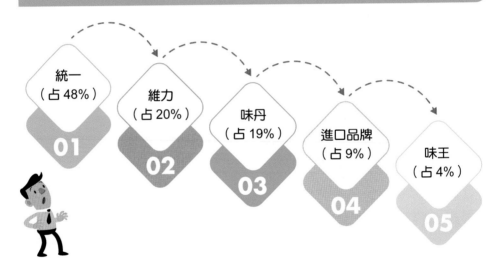

臺灣五大泡麵品牌市占率

統一（占 48%）01

維力（占 20%）02

味丹（占 19%）03

進口品牌（占 9%）04

味王（占 4%）05

2. 多品牌的產品策略

　　統一泡麵已有 40 多年歷史。多年來，統一泡麵總計開發出至少 10 多種品牌泡麵的策略，包括如下：

　　(1) 統一麵、(2) 來一客、(3) 阿 Q 桶麵、(4) 滿漢大餐、(5) 好勁道、(6) 拉麵道、(7) 科學麵、(8) 大補帖、(9) 統一脆麵、(10) 老壇酸菜牛肉麵等。其中，又以統一麵賣的最好，有肉燥口味、蔥燒牛肉口味、鮮蝦口味等。此種多品牌產品策略，幾乎占據了通路架位排列的一半空間之多，等同消費者所購買的泡麵，有一半業績是統一泡麵的。這是統一泡麵的成功之道。

統一泡麵多品牌策略

01 統一麵
02 來一客
03 阿Q桶麵
04 滿漢大餐
05 好勁道
06 拉麵道
07 科學麵
08 大補帖
09 統一脆麵
10 老壇酸菜牛肉麵

3. 定價策略

統一泡麵的定價是屬於平民化的定價策略，袋裝一包平均價才 20 元，而碗裝一包平均價是 25-45 元之間，售價相當平民化。因為泡麵是屬於消費者的民生消費品，很難有採高價的空間，也由於其平民化定價，因此，銷售量也很大，全臺每年總銷售量幾乎達 5 億包之多。

4. 目標消費族群

統一泡麵的 TA（target audience，目標消費族群），幾乎 80% 以上都是年輕族群及學生族群居多，其中男性又占 80%。

5. 通路策略

統一泡麵的銷售通路，主要有下列 4 種：

(1) 便利商店：主力是統一超商旗下 5600 家店，其次是全家的 3600 家店，再次是萊爾富的 1300 店及 OK 的 800 店。便利商店的銷售占年營收比重達 40%，是泡麵最重要的銷售通路。

(2) 超市：另一主力通路是全聯超市的 1000 家店，以及頂好的 360 家店及美廉社 600 家店。此占年營收比重亦達 30%，為次重要銷售通路。

(3) 量販店：包括家樂福 120 家店、大潤發 25 家店、愛買 15 家店，此年營收比

重為 15%。

(4) 網購：包括 momo、PChome、Yahoo 奇摩、蝦皮、生活市集、樂天等網購通路，此占年營收比重為 15%。

統一泡麵四大銷售通路

01 便利商店　02 超市　03 量販店　04 網購

6. 推廣策略

　統一泡麵的宣傳推廣策略，主要有以下幾種：

(1) 電視廣告：

　　每年投入 4000 萬元的電視廣告，以維持統一企業泡麵品牌的露出聲量。

(2) 網路、社群、行動廣告：

　　為了將廣告觸及到年輕族群，每年投入 2000 萬元的 FB、IG、YouTube、新聞網站、LINE 等廣告，而讓品牌曝光在年輕族群的目光前。

(3) 微電影：

　　統一企業幾年前推出叫好又叫座的「小時光麵館」微電影及電視廣告版，主要訴求不只料理食物，更料理人生的心情故事，網路點閱率破 1500 萬大關，吸引年輕人對統一泡麵品牌的好感度。

(4) 活動舉辦：

　　統一泡麵「來一客」為了讓品牌更年輕化，透過音樂會、校園影展、校園演唱會等贊助以及戶外巨型杯麵屋等活動舉辦，吸引年輕人對「來一客」品牌的好感度及印象度之提升。

(5) 賣場促銷：

　　統一泡麵會配合各大賣場的各種節慶促銷，例如：中元節、週年慶、泡麵節、新年慶、年中慶等活動，採全面八折價、買二件八折算等促銷手法，以拉升買氣。

統一泡麵的推廣策略

01 電視廣告

02 網路廣告

03 微電影

04 戶外活動舉動

05 賣場促銷

7. 關鍵成功因素

　　統一泡麵 40 多年來，長期位居國內泡麵市場的領導品牌，其主要關鍵因素有下列 8 項：

(1) 多品牌策略致勝：

　　　　統一泡麵開發出 10 多種品牌的泡麵名稱，使其在各種通路據點陳列上架，其品牌產品垂手可得，消費者的選購也在其中，其市占率幾乎達 50% 之高，很難撼動其地位。

(2) 有一群死忠的顧客群：

　　　　統一泡麵經營 40 多年來，在臺灣已養成一群可觀的忠誠顧客群或粉絲群。這群人已養成了購買及食用統一泡麵的生活習慣，帶來了穩固的年營收業績。

(3) 價位平民化：

　　　　統一泡麵跟一般食品、飲料一樣，價位非常平民化，消費者覺得便宜，此有助於它的銷售成長。

(4) 通路密布，到處買得到：

　　由於是第一品牌，再加上統一企業有自己的銷售通路 7-ELEVEN 及家樂福，因此，在重要通路上架的有利基礎上，它是擁有優勢的，所以其品牌產品能在最多及最佳的陳列位置上。

(5) 行銷預算投入多：

　　統一泡麵年營收額幾乎達 50 億元之多，只要提撥 2%，一年就有 1 億元的媒體廣告宣傳費的行銷預算可支出。這種廣告的曝光量，也是數十年來，統一泡麵品牌未被遺忘及老化的重要因素。

(6) 集團優質品牌，鞏固江山：

　　統一企業是臺灣最大的食品飲料集團公司，在中國市場也有經營。統一企業已成為國內優良企業形象與優質品牌的代表，這對統一泡麵是一個很大加持。

(7) 競爭對手不多：

　　環顧國內泡麵市場，大概只有 3 家公司，即統一及味丹、維力等 3 家品牌，其強力競爭對手並不多，新進入者也很少，這形成了它的競爭壓力並不算太大。

(8) 口味多元化，泡麵好吃：

　　說到產品力本身，統一泡麵有 10 種品牌之多，有多元化的口味及麵條、配料，其泡麵也好吃，才會一直有人購買，這是它持續研發創新的成功。

統一泡麵：8 項成功關鍵因素

01 | 多品牌策略致勝！

02 | 有一群死忠的顧客群！

03 | 價位平民化！

04 | 通路密布，到處買得到！

05 | 行銷預算投入多！

06 | 集團優質品牌形象，鞏固江山！

07 | 競爭對手不多！

08 | 口味多元化，泡麵好吃！

你今天學到什麼了？
──重要觀念提示──

1. 多品牌策略：
   現在很多日常消費品或服務業都已經成功的發展出多品牌的策略，例如：餐飲業的王品、瓦城、豆府；或是日常消費品的 P&G、聯合利華、566；或是食品業的統一、桂格、味全等都是成功案例。多品牌策略只要市場區隔清楚，定位有所不同，特色鮮明，TA（目標消費族群）不同，就可以成功，均有助於營收及獲利成長與持續擴張。

2. 有一群死忠顧客群：
   在激烈競爭的市場環境中，如何培養出對自家品牌有一群死忠的顧客群，是非常重要的！這可以從會員卡、促銷優惠、VIP 服務、新品開發、售後服務、高品質保障……多方面著手，以養成忠誠老顧客。

行銷關鍵字學習

1. 多品牌策略
2. 死忠顧客群
3. 顧客忠誠度
4. 老顧客、老會員
5. 價位平民化、親民價格
6. 通路密布，到處買得到
7. 行銷預算投入
8. 鞏固品牌
9. 口味多元化、產品組合多元化
10. 心占率 vs. 市占率
11. TA（目標客群、目標消費族群）
12. 微電影
13. FB、IG、YouTube、Google、LINE 廣告投放
14. 賣場促銷活動

問題研討

1. 請討論國內各品牌市占率如何？市場總產值多少？統一泡麵年營收額多少？
2. 請討論統一泡麵的多品牌策略為何？
3. 請討論統一泡麵的定價策略及目標消費族群（TA）為何？
4. 請討論統一泡麵的通路策略為何？
5. 請討論統一泡麵的推廣策略為何？
6. 請討論統一泡麵的成功關鍵因素為何？
7. 總結來說，從此個案中，你學到了什麼？

2-2 CITY CAFE：全國最大咖啡領導品牌的行銷策略

1. 一年銷售 3 億杯咖啡的奇蹟

　　全臺一年現煮咖啡市場規模達到 450 億元，其中，以統一超商的 CITY CAFE 市占率為最高，一年賣出 3 億杯咖啡，年營收額達 135 億元，全臺市占率達 30% 之高。第二大者，為統一星巴克，年營收額達 90 億元。

CITY CAFE 的咖啡業績

一年賣 3 億杯

＋

一年營收額 135 億元！

＋

一年獲利 13.5 億元以上！

2. 廣告 slogan

　　統一超商 CITY CAFE 的廣告 slogan，在早期為「整個城市都是我的咖啡館」，掀起一陣喝咖啡的旋風。近來的 slogan 則改為「在城市，探索城事」，繼續延伸在城市喝咖啡的良好氛圍。

CITY CAFE 成功的 slogan

整個城市，都是我的咖啡館！

在城市，探索城事！

3. 產品策略（product）

　　CITY CAFE 經過 10 多年的成功經營，其產品系列更加豐富及多元化發展。主要有 3 種系列：[1]

(1) 傳統咖啡系列：其品項有美式咖啡、拿鐵咖啡、卡布奇諾、焦糖瑪奇朵等。

(2) CITY CAFE 現萃茶系列：主要有水果茶及珍珠奶茶，其品項有：珍珠純奶茶、經典純奶茶、經典紅茶、臺灣水果茶、檸檬青茶、四季青茶……。

(3) 為 CITY CAFE Premium，即精品咖啡，主要取自來自衣索匹亞的高檔咖啡豆所製之高級咖啡。

4. 定價策略（price）

　　CITY CAFE 的各系列定價策略主要仍採取平價策略。其中，傳統咖啡每杯售價在 40-50 元之間，人人都喝得起。水果茶及珍珠奶茶每杯價格則在 50-60 元之間。精品咖啡每杯則為 80 元。此種平價策略的主要目標客群，仍以廣大一般上班族及中產階級為主要對象。由於平價策略使得 CITY CAFE 的消費客群非常廣，因此，一年才能銷售出 3 億杯這麼巨大的銷售量。這也是它成功的根基之一。

5. 通路策略（place）

　　CITY CAFE 的通路銷售據點，全臺高達 5600 家店之多，在都會區更是高度密集，購買非常便利，而且是 24 小時、全年無休供應，形成它的重要優勢之一。

6. 推廣策略（promotion）

　　CITY CAFE 有非常靈活的推廣策略，包括：

(1) 代言人及電視廣告：

　　CITY CAFE 的代言人，有 6 年都採用金馬獎影后桂綸鎂，代言效果很好，成功的把 CITY CAFE 的氛圍帶動起來，成為在都市手拿一杯咖啡的流行話題。另外，在電視廣告的投入方面，一年至少 4000 萬元的行銷廣告預算投入播放，10 多年來累積出 CITY CAFE 的堅強品牌形象。

(2) 促銷：

　　另外在促銷方面，CITY CAFE 經常舉辦第二杯半價優惠活動，以及集點贈送柏靈頓熊及復仇者聯盟超級英雄馬克杯與保溫杯的促銷活動，都非常成

參考來源：

1 此段資料來源，取材自 CITY CAFE 官網，並經大幅改寫而成。（www.citycafe.com.tw）

功，帶動熱銷。

(3) 店頭廣告行銷：

　　CITY CAFE 在 5600 家門市店內及店外，均有大幅貼紙、海報或人形立
牌，凸顯其品牌印象深入人心。

(4) 藝文活動：

　　此外，CITY CAFE 也經常舉辦都會藝文活動，提升它的藝術與人文感情。

7. 服務策略（service）

　　CITY CAFE 的服務，由於有自動化設備的大力協助，因此，一杯咖啡的完成
時間非常快，大約 30-60 秒即可完成，顧客的滿意度非常高。

CITY CAFE 的推廣策略

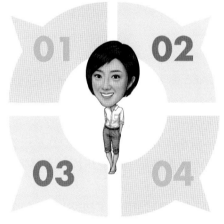

代言人及電視廣告！　01

促銷！　02

店頭招牌！　03

藝文活動！　04

8. 二大成長策略

　　CITY CAFE 2019 年的成長策略，主要集中在下列 2 點：[2]

　　一是要大力開展精品咖啡的市場；二是導入新升級自動化設備，使做出的咖
啡更好喝，預計要投入 12 億元，更新全臺 5600 店的設備。

參考來源：

2 此段資料來源，取材自聯合新聞網，並經大幅改寫而成。（www.udnnews.com.
　tw）

CITY CAFE 二大成長策略

01
大力發展精品高價
咖啡市場！

02
導入升級自動化設
備！

　　透過此二大策略的啟動，統一超商預估將會對每年 3 億杯的咖啡，再向前挑戰 3.5 億的成長目標。

9. 關鍵成功因素

　　總結來說，CITY CAFE 這 10 多年來快速成長與良好獲利的關鍵成功因素，可歸納為下列 6 點：

(1) 平價（親民價格）：

　　CITY CAFE 每杯價格僅為 40-50 元，大約為星巴克咖啡的三分之一價格，可說非常平價，消費大眾與基層大量上班族人人都喝得起。

(2) 便利、普及：

　　CITY CAFE 全臺有 5600 門市店家據點，24 小時全年無休服務，帶給消費者很大的便利性，這也是成功要素之一。

(3) 快速：

　　CITY CAFE 大約 1 分鐘即可快速完成，交到消費者手中，不必等太久，滿足消費者快的需求。

(4) 產品系列齊全：

　　CITY CAFE 有三大系列產品，從夏天到冬天都有滿足顧客需求與愛喝的產品，對消費者而言是很有特色的與應有盡有。

(5) 行銷宣傳成功：

　　CITY CAFE 在 6 年前找 A 咖藝人桂綸鎂代言，成功的打出都會上班族喝咖啡的時尚、特色、話題及需求，也證明它在行銷宣傳上操作的成功。

(6) 好喝：

CITY CAFE 口味或許沒有星巴克好喝，但差距不會太大，甚至兩者相差不多。

CITY CAFE 勝出的六大關鍵成功因素

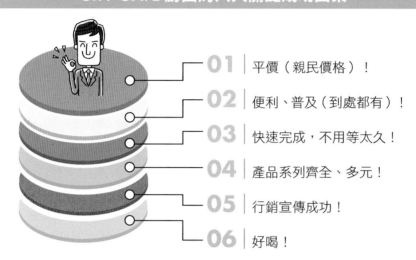

01 平價（親民價格）！

02 便利、普及（到處都有）！

03 快速完成，不用等太久！

04 產品系列齊全、多元！

05 行銷宣傳成功！

06 好喝！

你今天學到什麼了？
──── 重要觀念提示 ────

1. 藝人代言成功：
CITY CAFE 六年來堅持使用金馬獎影后桂綸鎂為其代言人，顯見代言人的成功。若運用藝人代言人成功，將可為品牌效果及業績成長帶來很大幫助。因此，選對代言人，是行銷操作的一項智慧。

2. CITY CAFE 成功因素借鏡：
CITY CAFE 一年能賣到 3 億杯，創造年營收 135 億元，年獲利至少 13.5 億元，主要是它的關鍵成功因素：親民價格、便利、快速、好喝、宣傳成功等，如此就能滿足消費大眾！因此，做行銷並不難，如何掌握關鍵成功因素才是重點。

行 銷 關 鍵 字 學 習

1. 一年賣 3 億杯咖啡
2. 廣告 slogan（廣告金句）
3. 多元化產品系列、齊全系列
4. CITY PRIMA（精品咖啡品牌）
5. 通路密布
6. 藝人代言人成功
7. 行銷廣告預算投入
8. 累積出堅強品牌形象
9. 第二杯半價活動
10. 門市店廣告招牌宣傳
11. CITY CAFE 的二大成長策略
12. 親民價格
13. 便利、普及、快速

問題研討

1. 請討論 CITY CAFE 的年營收額及市占率多少？
2. 請討論 CITY CAFE 的 slogan 為何？三大產品系列為何？
3. 請討論 CITY CAFE 的定價策略及通路策略為何？
4. 請討論 CITY CAFE 的推廣策略為何？
5. 請討論 CITY CAFE 的二大成長策略為何？
6. 請討論 CITY CAFE 的關鍵成功因素為何？
7. 總結來說，從此個案中，你學到了什麼？

2-3 農榨：果汁飲料新品牌上市成功

1. 稀釋果汁上市市占率第一

　　味全公司近 2 年來新上市一款稀釋果汁，品牌名稱為「農榨」，放在陳列架上非常醒目。據最新統計顯示，「農榨」在稀釋果汁飲料中，奪得 44% 高市占率，已成為該類品牌的第一名。一般來說，在高度激烈競爭的食品飲料中，新品牌成功的機率只有 20%，「農榨」就是這二成機率的成功新飲料品牌，表現不俗。

農榨：新品上市成功奪得第一市占率

「農榨」

· 在地鮮榨，就在農榨！
· 奪得稀釋果汁飲料第一品牌！

2. 產品與定價策略

　　「農榨」的產品系列，目前有 4 種口味系列，分別為梅子汁、檸檬汁、百香檸檬汁、金桔檸檬汁等 4 種口味，相當單純。

　　「農榨」的 slogan（廣告金句）就是「在地鮮榨，就是農榨」。而「農榨」由於是日常民生消費品，因此定價為平價策略。在便利商店買到的一瓶為 30元，在全聯超市則僅 25 元。因此，能夠薄利多銷。「農榨」所用水果，均為臺灣在地水果。

3. 目標客群

「農榨」果汁的 TA（target audience，目標消費族群），主要為 20-39 歲的年輕人，平常喜愛喝水果飲料的消費族群。果汁飲料的銷售旺季主要在 5-9 月的夏季。近年來，由於手搖飲料店的崛起，因此也帶動了果汁飲料的銷售上升，此對「農榨」新品上市恰是一個好時機點。

4. 通路策略

「農榨」新品上市的銷售通路主要有 4 種，說明如下：
(1) 便利商店：包括統一超商的 5600 店、全家 3600 店、萊爾富 1300 店、OK 800 店等。這是主力銷售據點，占年營收的 40%。
(2) 超市：包括全聯 1000 店、頂好 260 店、美廉社 600 店等，這是次主力銷售據點，占年營收的 30%。
(3) 量販店：包括家樂福、大潤發、愛買等，占年營收的 20%。
(4) 其他：占年營收 10%。

5. 推廣策略

「農榨」的廣宣策略，主要是投放在電視、網路、社群、行動媒體的廣告片，每年投入金額約 4000 萬元，這 4000 萬元的投入預算，主要是為了打響「農榨」這個新品的品牌知名度、印象度及好感度，這些目標均算是初步達成了。其他的推廣策略，則是配合各式賣場做促銷活動，例如：全面八折、或買二件七折算等促銷活動，以有效拉升銷售量。

6. 關鍵成功因素

味全公司「農榨」新品能夠上市成功，非常難得，歸納其能夠勝出的 8 項因素，說明如下：
(1) 品牌命名成功，具吸引力：
　　「農榨」品牌命名，易記、好唸、具獨特性，以及農產品的連結性、聯想性，因此，品牌命名是非常成功的。
(2) 包裝設計突出：
　　「農榨」兩個斗大的字型在外包裝很突出、很醒目，在陳列架上，一眼就很容易被看到及被吸引到，其包裝設計算是成功的。
(3) 產品定位明確且具有特色：
　　農榨強調屏東在地檸檬的採用，並喊出 slogan「在地鮮榨，就在農榨」，凸顯新鮮、在地、現採的產品定位，為成功因素之一。

(4) 通路上架普及：

　　由於味全是食品飲料界的大公司之一，其與各種零售公司都有良好關係，因此，能夠在短時間內順利、快速將產品上架到主流便利商店及超市，讓消費者能看得到及買得到，此為成功因素之一。

(5) 平價：

　　「農榨」一瓶果汁飲料在市場上銷售 25-30 元，售價非常平價，能夠薄利多銷，具有高 CP 值，加速產品普及。

(6) 口味不錯，有好評：

　　「農榨」4 種口味都不錯，又新鮮好喝，其本質產品力佳，喝過的人都有好評。

(7) 市場無強力競爭對手：

　　國內果汁飲料從過去到現在，由於不是主流飲料，並未受到太多重視，市場產值也不像鮮奶、豆漿、茶飲、奶茶等那麼大，因此，沒有一家特別的領導品牌，市場進入門檻不算太高。

農榨：新品上市成功八大要素

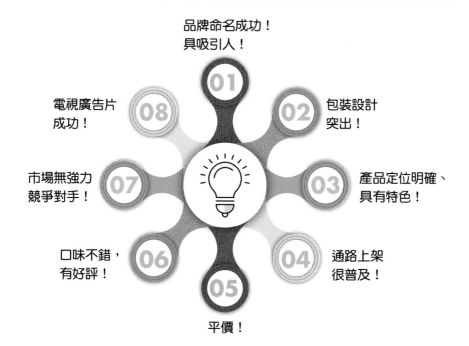

品牌命名成功！
具吸引人！

01

電視廣告片
成功！
08

包裝設計
突出！
02

市場無強力
競爭對手！
07

產品定位明確、
具有特色！
03

口味不錯，
有好評！
06

通路上架
很普及！
04

05

平價！

(8) 電視廣告片成功：

　　「農榨」電視廣告片取材以鄉下水果產地的原景做搭配，能凸顯出現地現榨的新鮮感覺。

你今天學到什麼了？
──重要觀念提示──

1. 新品牌上市成功率只有 20%：
任何行銷人員都必須加強留意新品牌上市的成功率與失敗率，如果太草率上市新產品，可能會浪費不少研發費用及行銷宣傳費用，又會打擊公司員工士氣，不得不謹慎為之。

2. 新產品上市成功要件：
(1) 符合消費者的需求
(2) 品牌命名成功
(3) 包裝設計突出
(4) 產品有特色及差異化
(5) 產品定位明確
(6) 電視廣宣搭配
(7) 通路上架普及
(8) 消費者有好口碑相傳

行銷關鍵字學習

1. 市占率第一
2. 新品牌成功率只有 20%
3. TA（target audience，目標消費族群）
4. 通路策略
5. 品牌命名成功
6. 產品包裝設計突出
7. 產品定位明確，且具特色
8. 通路上架普及
9. 電視廣告片成功
10. 市場無強力競爭對手

問題研討

1. 請討論「農榨」的市占率為何？
2. 請討論「農榨」的產品策略及定價策略為何？
3. 請討論「農榨」的通路策略及推廣策略為何？
4. 請討論「農榨」勝出的八大成功因素為何？
5. 總結來說，從此個案中，你學到了什麼？

2-4 桂冠冷凍食品：如何品牌再造，維持營收不衰退

1. 六大外部環境的不利挑戰

　　國內第一大冷凍食品桂冠公司，2019 年的營收達 25 億元，連續 4 年營收正成長。但在 2013 年時，該公司營收陷入 43 年來首度衰退，雖然衰退幅度只有 3% 而已，但這是一個警訊，要注意消費者的心，是否已出現改變。

　　總的來說，桂冠面臨外部 6 項不利挑戰，包括如下：

(1) 食安事件頻傳，引起大家對健康飲食的重視，少吃加工品，這對食品業都有不小衝擊。

(2) 統一超商及全家紛紛推出自有品牌冷凍食品，加入競爭，瓜分市場。

(3) 外食人口不斷增加，在家吃飯次數顯著減少，影響食品業的銷售。

桂冠面臨六大不利挑戰

06 單身人口增加！

01 食安事件頻傳！

05 少子化，人口自然減少！

02 便利商店自己也推出冷凍食品！

04 外送、外賣快速普及！

03 外食人口不斷增加！

(4) 外送、外賣的快速普及，減少了在家開伙的次數。

(5) 少子化，人口自然減少，市場亦相對萎縮。

(6) 單身人口的增加，一人在家煮飯的機會減少。

2. 品牌再造的八大作法措施

　　面對外部大環境不利的威脅，桂冠公司感受到若不採取積極的有效作為，公司及品牌都將受到衝擊，因此桂冠公司對品牌再造提出 8 項因應措施，說明如下：

(1) 針對上游供應商及下游通路商做焦點訪談，了解他們的看法及意見。

(2) 針對 700 個家庭展開市調，發現對家庭團聚吃飯有認同感及可維繫家人情感，成為品牌再造的切入點，並作為製作電視廣告片的最佳焦點。

(3) 因為少子化、單身化，把大包裝改為 2-3 人份小家庭包裝。

(4) 除微波食品外，也改為消費者可自行加入其他菜餚的半成品。

(5) 成立「窩廚房」料理教室，開辦上班族、親子、銀髮族、媽媽等參加，使下廚成為樂趣。

(6) 淘汰賣得不好的舊產品，強化新產品上市。例如：「抹茶湯圓」新品就賣得很好，熱賣 60 萬盒。另外，與君品大飯店合作推出聯名新產品，銷售也不錯。

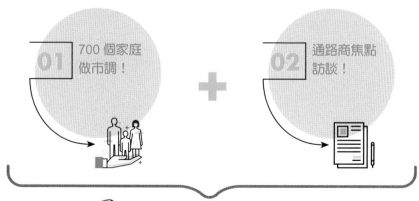

桂冠：走過品牌老化危機

01 700 個家庭做市調！

＋

02 通路商焦點訪談！

・以家庭團聚的認同感，作為品牌再造核心！

(7) 與陽明大學合作成立營養健康研究室的產學合作，以提升每項產品的健康度。

(8) 改變組織文化。過去公司是老闆一人說了算，但現在則是推動組織創新。各部門、各單位有任何新產品創意構想都可自由提出，而且給予獎金獎勵。

3. 結語

桂冠雖然 2013 年營收衰退，但經過上述八大方向改造後，自 2014 年起又呈現營收正成長。桂冠已是 50 多年老品牌，未來如何持續提升其在消費者心中的心占率，進而擴大銷售市占率，將是持續的努力目標。

你今天學到什麼了？
——重要觀念提示——

1 品牌再造、回春：
當老品牌經過數十年之後，難免都會陷入品牌老化、品牌困頓，如何將品牌再造、品牌回春、品牌年輕化，將是行銷人員的重要工作。這可以從組織面、產品面、定位面、廣宣面、代言人面、設計面、研發面……諸多方面著手改造。

2 聯名產品、聯名行銷：
當 1＋1＞2 可以產生綜效時，品牌與品牌之間也可以相互合作、異業結盟，此對兩個品牌都有好處。

行銷關鍵字學習

1. 食安事件
2. 外食人口
3. 外送、外賣普及
4. 少子化
5. 單身人口增加
6. 品牌再造
7. 焦點訪談
8. 市場調查
9. 小包裝
10. 強化新品上市
11. 聯名產品
12. 產學合作
13. 改變組織文化
14. 心占率、市占率

問題研討

1. 請討論桂冠面對哪六大環境變化的不利挑戰？
2. 請討論桂冠品牌再造的電視廣告片的切入點為何？
3. 請討論桂冠品牌再造成功的 8 項措施為何？
4. 總結來說，從此個案中，你學到了什麼？

2-5 味丹：成功的行銷策略

味丹公司是國內知名的泡麵及飲料公司，其規模大約與國內的味全公司、金車公司、光泉公司等相當，甚至可以說是國內第二大食品飲料公司。

1. 產品策略

根據味丹公司官網所示，其產品線系列，計有[1]：

(1) 速食食品：

味味 A、真麵堂、味味一品、双響泡、味味麵、美味小舖、隨緣等。

(2) 飲料：

多喝水、MORE 氣泡水、味丹果汁。

(3) 調味品：

味丹味精。

(4) 代理品牌：

洽洽、月桂冠清酒、SPEY 威士忌、法國紅酒、金門高粱酒、百事可樂、七喜汽水。

(5) 保健食品

味丹五大系列產品，可說非常完整、多元、多角、齊全。尤其，在泡麵類，品牌達 7 個品牌，其市占率僅次於統一企業，位居第二大泡麵產銷公司。

另外，在代理品牌方面，味丹也有很好的成績，包括百事可樂、月桂冠清酒、金門高粱酒、洽洽瓜子，都是市場上知名品牌，也有不錯的市占率。

2. 定價策略

由於泡麵是日常消費品，因此大都採取平價策略。味丹泡麵每包價格在 30-50 元之間，與統一泡麵相差不多。

3. 通路策略

味丹的銷售通路策略，主要是成立一家名叫「品冠行銷公司」，專責味丹所有產品的銷售事宜。然後在全臺成立 11 個經銷子公司，總員工有 300 多人。由這些各縣市的 11 個經銷子公司，將味丹產品配送到全臺一萬多個零售據點。

參考來源：

1 本段資料來源，取材自味丹公司官網，並經大幅改寫而成。（www.vedan.com.tw）

味丹：自有品牌＋代理品牌並進

01 自有品牌

・多喝水
・味味一品
・味味 A 排骨雞麵
・双響泡桶麵
・真麵堂

＋

02 代理品牌

・洽洽香瓜子
・百事可樂
・月桂冠

　　而在零售據點方面，主要有下列 4 種通路：

(1) 超市：

　　　　主要為全聯（1000 店）、頂好（260 店），占比為 30%。

(2) 便利商店：

　　　　主要為統一超商（5600 店）、全家（3300 店）、萊爾福（1300 店）、OK（800 店）、美廉社（600 店），占比為 30%。

(3) 量販店：

　　　　主要為家樂福（120 店）、大潤發（25 店）、愛買（15 店），占比為 20%。

(4) 雜貨店：

　　　　其他為各鄉鎮的雜貨店，占比為 20%。

4. 推廣策略

　　味丹產品的推廣策略，主要仍以電視廣告為主力媒體，並搭配素人代言廣告，獲得不錯的品牌宣傳效果。

　　另外，電視廣告的創意腳本，也儘量以年輕人喜愛的語言來行銷泡麵及飲料。

　　例如：味丹「多喝水」礦泉水，當年即以「沒事多喝水，多喝水沒事」的廣告金句 slogan，而打響市場的高知名度及高市占率，每年帶來 10 億元營收。

味丹：好產品＋對的市場＋行銷廣告

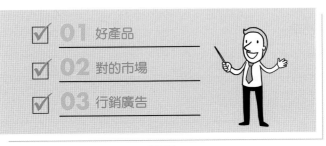

☑ **01** 好產品

☑ **02** 對的市場

☑ **03** 行銷廣告

創造好業績！

你今天學到什麼了？
——**重要觀念提示**——

1. 產品定位清楚：
   產品定位或品牌定位是行銷成功的要素之一，定位一定要明確、清晰、有差異化、具特色化、有顧客群等條件。如果定位不對、定位模糊、定位沒特色，那行銷就不易成功了。所以，要特別注意定位問題。
2. 與年輕人溝通：
   產品的 TA 如果是設定在年輕人，或是品牌要年輕化，必定要用年輕人的語言與他們溝通訊息，如此才有效果。廣告片的製作也是一樣。
3. 抓住消費市場的需求：
   行銷人員一定要關注市場環境的瞬息萬變，及時、快速地抓住消費市場最新需求，這樣行銷才會成功。

行銷關鍵字學習

1. 產品定位清楚
2. 抓到消費市場的需求
3. 整體市占率前兩名
4. 站在品牌經營角度
5. 行銷創意十足
6. 如何研發好的產品,並在對的市場銷售
7. 用年輕人的語言與之溝通
8. 代理品牌事業+自有品牌事業

問題研討

1. 請討論味丹有哪些產品系列?其定價策略為何?
2. 請討論味丹的通路策略及推廣策略為何?
3. 總結來說,從此個案中,你學到了什麼?

2-6 原萃綠茶：黑馬崛起的瓶裝茶飲料

1. 無糖綠茶第一名

2013 年 3 月，可口可樂公司所產銷的原萃綠茶新品上市，上市 7 年多來，已成為國內無糖綠茶品類的銷售第一名，市場評價為奇蹟，因為，瓶裝茶飲料有一、二十個品牌競爭激烈，新品茶飲料品牌很難冒出頭，但原萃綠茶卻做到了。

2. 產品策略

原萃日式綠茶在 2013 年初上市時，訴求的是來自日本最好的玉露綠茶原料所製成。在其官網中，有如下陳述[1]：

「原萃日式綠茶，經由獨特萃取與過濾技術，保留天然茶葉精華，並添加日本進口抹茶粉，口感更為甘甜。」

「原萃運用獨特的雲霧工法，讓茶葉精華釋放於茶湯中，充分釋放甘甜，100% 無香料、無糖，帶給消費者享受真實茶韻的體驗。」

原萃日式綠茶在推出四年後，又推出臺灣本土出產的文山包種茶，命名為「原萃烏龍茶」，以及推出「原萃錫蘭無糖紅茶」，以增加原萃不同口味的產品系列，計有日式綠茶、臺灣烏龍茶及東南亞錫蘭紅茶，以滿足不同口味需求的愛好茶飲料消費者。

3. 定價策略

國內瓶裝茶每瓶的售價，大都在 20 元的平價區間，很難有更高的定價策略。因此，原萃綠茶亦定價在每瓶 20 元的親民價格。

4. 通路策略

原萃綠茶的銷售通路，大致有如下 4 種型態：

(1) 便利超商：便利超商是瓶裝茶最大的銷售量管道，主要是上架在統一超商、全家、萊爾福及 OK 等四大超商；其銷售占比約達 40% 之高，是最重要的銷售管道。因為原萃背景是可口可樂大公司，又有媒體廣告量的大量曝光，因此，很容易就能上架到四大超商。

參考來源：

1 此段資料來源，引用自該公司官網。（www.coke.com.tw）

(2) 超市：主力為全聯超市，其次為頂好及美廉社；占比約為 20%。

(3) 量販店：主力為家樂福，其次為大潤發及愛買；占比約為 20%。

(4) 網購：主力為 momo、PChome、Yahoo 奇摩、蝦皮、生活市集、udn shopping、樂天、東森購物等；占比約為 20%。

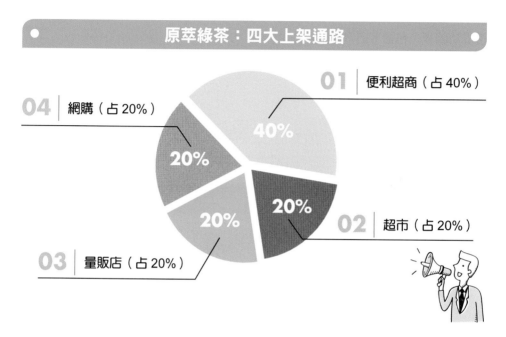

5. 推廣策略

原萃綠茶剛上市的推廣策略，主要是請日本知名一線藝人阿部寬作為廣告代言人，結果一炮而紅，拉升了原萃綠茶的品牌知名度、印象度與好感度。其他次要的推廣宣傳活動，還包括網路廣告、戶外公車、捷運廣告及記者會等輔助宣傳。

短短 7 年多來，原萃綠茶已晉升到與茶裏王、御茶園、麥香茶第一線品牌並駕齊驅之態勢。

6. 鮮明的產品定位

可口可樂臺灣區行銷總監權貞賢就表示[2]：

「鮮明的產品定位，絕對是產品能否在市場生存的重要因素之一。以原萃為

參考來源：

2　此段資料來源，引用自《動腦雜誌》，2019 年 8 月號，頁 95-96。

例，原萃的誕生就是希望能提供消費者最高品質、最接近真實茶韻的好茶，所以選擇都做無糖。此外，原萃也將品牌溝通的重點專注在放鬆工作及放鬆生活壓力上。」

7. 關鍵成功因素

　　總結來說，原萃瓶裝茶在短短幾年內能快速崛起，站上一線品牌，其主要關鍵成功因素，包括下列 5 點：

(1) 定位明確
(2) 產品有特色
(3) 日本代言人成功
(4) 廣告投入足夠聲量
(5) 各大通路上架沒問題

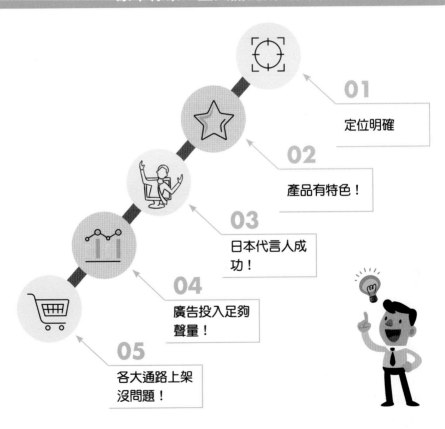

原萃綠茶：五大關鍵成功因素

01 定位明確

02 產品有特色！

03 日本代言人成功！

04 廣告投入足夠聲量！

05 各大通路上架沒問題！

你今天學到什麼了？
──重要觀念提示──

1. 日本一線藝人為代言人：

   原萃綠茶採用日本一線藝人阿部寬為代言人，加上強打電視廣告，結果原萃綠茶爆紅起來，足以顯示代言人的成功。

2. 最好喝的綠茶：

   原萃綠茶採用日本綠茶為原料，並有特殊工法，使其成為最好喝的綠茶，成就其產品力的成功，也是行銷成功的要素之一。

行 銷 關 鍵 字 學 習

1. 來自日本最好的綠茶原料所製成
2. 獨特工法製成
3. 不同口味的產品系列
4. 滿足不同口味需求
5. 親民價格
6. 便利商店通路為最大通路
7. 日本一線藝人為代言人
8. 成功拉升品牌知名度、好感度及印象度
9. 與一線品牌並駕齊驅
10. 鮮明產品定位
11. 最高品質、最真實的好茶

問題研討

1. 請討論原萃的產品策略為何？定價策略為何？
2. 請討論原萃的通路策略為何？
3. 請討論原萃的產品定位為何？
4. 請討論原萃勝出的關鍵成功因素為何？
5. 總結來說，從此個案中，你學到了什麼？

2-7 歐可奶茶包：崛起的行銷策略

1. 網購奶茶包第一品牌的崛起

2012年，歐可發現全臺手搖飲市場高達300億元，其中，奶茶銷售量最好，故推出奶茶包，找到介於茶包與手搖茶中間的市場缺口，決心進入這個利基市場。

剛開始，歐可奶茶僅在網路上銷售，每包售價32元，是競爭品牌「三點一刻」的兩倍，但每年仍銷售350萬包，成為網購奶茶包銷量第一品牌。

歐可奶茶包以健康為號召，主打不添加奶精，是用紐西蘭純奶茶及健康奶茶，在網路上熱賣。

歐可奶茶口味有多種，包括英式鮮奶茶、伯爵奶茶、巧克力歐蕾奶茶、抹茶拿鐵奶茶、鐵觀音拿鐵奶茶……等27種口味之多。

2. 銷售通路

歐可奶茶最初以各網路銷售為主力，包括樂天、momo、蝦皮、

歐可奶茶包：行銷成功五大作為

01 對市場敏銳度高！

02 投入大量廣告！

03 增強粉絲黏著度！

04 適時促銷優惠誘因！

05 強化品牌經營！

· 創造出好業績！
· 奶茶包網購第一大品牌！

PChome、Yahoo 奇摩、生活市集等為主力。近年來為加速銷售量，且品牌也日益成熟，因此，鋪貨到實體零售賣場，主要以全聯及頂好超市為主力。如此，可以達到虛實通路並進，以方便消費者購買。

3. 波浪理論

歐可的產品研發主要依據波浪理論，此即，大波浪是指「大的革新」，小波浪是指「小的話題」，以保持品牌的新鮮度。因此，在研發上，訂下每 3 個月推出一款新口味，每 3 年則大幅更換產品。在行銷活動上，亦可依據波浪理論，平常有一些促銷優惠小波浪，另也有些廣告活動大波浪。

4. 新口味研發

歐可奶茶包非常重視新口味的研發創新，其創意、創新的主要 2 種來源為：

一是透過臉書粉絲專頁上，徵詢粉絲意見，蒐集他們的需求與喜好，經由票選，然後據以開發新產品。

二是由行銷部派人站在各種茶飲料店門口，觀察哪一種奶茶口味最受歡迎，就跟著開發。

透過上述 2 種市調法，歐可都能精準的抓住顧客需求，並且熱銷。

5. 砸廣告費及優惠活動

歐可奶茶包為快速提升其品牌知名度及品牌印象，每年投入至少 1200 萬元以上的電視廣告、臉書廣告及 Yahoo 奇摩入口網站廣告等，有效的拉升歐可的知名度。

此外，歐可奶茶包持續推出促銷優惠活動。例如：曾推出 250 組，限量 999 元特惠組，其中一組內附一支 iPhone 手機，一天之內被搶購一空。另外，年節也推出 8888 元福袋小組，裡面附贈 1 臺吸塵器，1 小時售完。

目前歐可奶茶包官網會員超過 15 萬人，九成為女性，有五成回購率，官網平均客單價高達 1000 元，2019 年年營收達 1.5 億元。

6. 結語

歐可奶茶包產品已做出差異化，並且持續研發新口味，強打廣告及行銷優惠活動，快速打造品牌力。展望未來目標，將以超越「立頓」及「三點一刻」二大奶茶包品牌為終極挑戰目標。

歐可奶茶包：勝出五大因素

01 由網購通路崛起！

02 產品力強！不斷推陳出新！

03 投入大量電視及網路廣告！

04 波浪式研發！

05 高價定位！顯示高品質！

你今天學到什麼了？
—— 重要觀念提示 ——

1. **找到市場缺口：**
   行銷要成功，必須注意到大眾市場以外的市場缺口在哪裡，從此缺口切入，行銷就比較容易成功。
2. **保持品牌新鮮度：**
   任何品牌一定要注意其在消費者心中的新鮮度，因此，必須從各種行銷活動中，持續維持自家品牌的新鮮度，不要讓消費者遺忘了自家的品牌，到時業績就會下滑。
3. **增強粉絲黏著度：**
   每個品牌都有它的粉絲群，經營粉絲群最重要的就是如何增強粉絲對自家品牌的黏著度課題。

行銷關鍵字學習

1. 網購奶茶包第一品牌
2. 找到市場缺口
3. 進入利基市場
4. 網路品牌
5. 虛實通路並進
6. 波浪理論
7. 保持品牌的新鮮度
8. 每 3 個月推出一款新口味
9. 每 3 年大幅更換產品
10. 對市場敏銳度高
11. 增強粉絲黏著度
12. 適時促銷優惠誘因
13. 新口味研發
14. 產品創意來源
15. 徵詢粉絲意見
16. 派人在門市店做市調
17. 做出產品差異化
18. 不斷推陳出新

問題研討

1. 請討論歐可奶茶包如何崛起？
2. 請討論歐可奶茶包的行銷通路為何？
3. 請討論歐可奶茶包的波浪理論為何？
4. 請討論歐可奶茶包如何研發新口味？
5. 請討論歐可奶茶包勝出的五大因素為何？
6. 請討論歐可奶茶包的行銷成功五大作為為何？
7. 總結來說，從此個案中，你學到了什麼？

2-8 吉康食品：小代工廠跨向自有品牌的行銷策略

1. 公司簡介

吉康食品公司成立於 1986 年，為全國第一家首獲 GMP、CAS 雙認證的調理食品工廠，並有國家級認證實驗室，提供品質控制及新品研發，供應中西式冷凍調理及餐包、牛、豬、雞、魚排餐、素食及茶點。另有食材、醬料、烘焙、批發零售，也接受團膳、連鎖餐飲通路之代工 OEM、ODM，產品研發達百餘種，全臺北、中、南亦設有 3 個服務據點及物流配送營業所，共有 1000 餘家客戶，為國內知名之冷凍調理食品專家，廣受各界好評。[1]

2. 轉型策略，做自有品牌

錢櫃、好樂迪、超商年菜等，都是它的客戶及代工產品。

2014 年之前，代工毛利率很低，只有 10-15%，淨利率只有 3%，年營收 2 億元，年獲利額僅 600 萬元。

2014-2019 年，近 5 年，除了代工之外，開始逐步轉向做自創婦幼品牌，稱為「農純鄉」，賣起哺乳茶、嬰兒副食品、滴雞精等。如今，2019 年營收翻倍達 5 億元，自有品牌毛利率達 33%，是 OEM 代工的一倍以上。

為什麼要轉向做自有品牌，主要是 (1) 利潤太低、(2) 生意不穩定，營收命脈操縱在別人手上、(3) 沒有長期展望性。

3. 轉型初期，繳交很多學費

2014 年，轉型初期，先做市場看好的滴雞精。然而面對市場大公司老協珍、白蘭氏、娘家、田原香、桂格等，吉康食品當時的品牌沒有知名度，只有以傳統行銷作法，狠砸 1000 萬元投入在超市通路及電視廣告，結果失敗，把錢丟到水裡，滴雞精營收額才幾百萬元。

2015 年，針對哺乳媽媽擔心沒奶水可餵的痛點，由工廠研發中藥配方，喝了可以發奶的「媽媽茶」，並先上團購網及以低價打口碑，行銷費沒支出，結果第一批 300 萬元的「媽媽茶」，竟在一週銷售一空。

參考來源：

1 此段資料來源，取材自吉康食品公司官網。（www.jicond.com.tw）

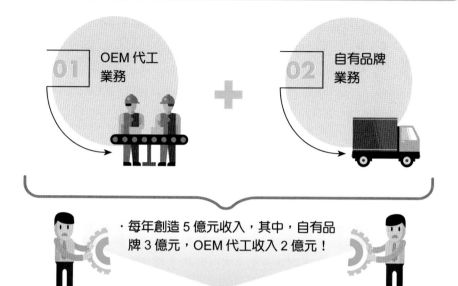

吉康食品：既做 OEM，又做自有品牌並進

01 OEM 代工業務

02 自有品牌業務

・每年創造 5 億元收入，其中，自有品牌 3 億元，OEM 代工收入 2 億元！

4. 線上打口碑戰，集結百人媽媽試用團

　　吉康食品在線上及線下的行銷具體作法，說明如下：

(1) 只要有新產品，會直接寄給知名婦幼部落客試用，以低價讓部落客發起團購，先打第一波口碑行銷。

(2) 與小兒科、家醫科醫生合作，推出婦幼知識內容，並提供線上諮詢回答。

(3) 線上做口碑，線下靠全臺 17 個營業據點，提供免費試喝，每年試喝產品總價達 250 萬元。

(4) 不定期舉辦養雞場產地參訪團，或是辦親子聚會，讓媽媽們互相交流。

　　如此線上、線下一起做，有效提高消費者黏著度。所以，有新樣品推出，上網公告後，很快就集結「百人試用媽媽團」，提供改良新產品意見，加快研發的速度。過去，每年只能推出 1 種產品，如今可有效推出 4 種產品。

　　吉康現在賣「媽媽茶」、「寶寶粥」、「嬰幼兒副食品」等，都能很精準打中媽媽們的困擾及痛點，均能很成功行銷。現在自有品牌年營收已破 3 億元，超過 OEM 調理包代工營收額。

吉康食品：集結「百人試用媽媽團」

組成
「百人試用媽媽團」

· 協助研發單位，找出消費者的需求及痛點！
· 加速研發新產品的正確性與精準度！

5. 未來挑戰

目前，吉康自有品牌的目標消費族群仍太少，只有產後婦女及 0-3 歲嬰幼兒，下一步將擴充到 1-6 歲的客層，這對吉康是另一項考驗。吉康未來仍將持續研發出具有市場銷售力的暢銷新產品，並做好線上及線下整合的行銷操作，以打響自有品牌的知名度及好感度。

你今天學到什麼了？
──重要觀念提示──

1. 提高研發成功精準度：
透過線上媽媽群的意見及建議，可以有效提高研發新產品的精準度及成功性。

2. 線上與線下整合並進：
產品上架必須顧及客人的方便性及便利性，因此，在網購及零售店的線上及線下整合都能很快買得到產品，是一個行銷努力的重點。

行銷關鍵字學習

1. 雙認證食品工廠
2. OEM 代工
3. 自有品牌
4. 轉型策略
5. 代工利潤很低
6. 自有品牌利潤高
7. 長期展望性
8. 在團購網銷售
9. 線上打口碑戰
10. 婦幼部落客試用
11. 百人試用媽媽團
12. 提供新產品改良意見
13. 解決媽媽們的困擾及痛點
14. 提高研發成功的精準度
15. 擴大顧客層
16. 線上與線下整合並進

問題研討

1. 請討論吉康食品公司的公司簡介為何？
2. 請討論吉康食品為何要轉型做自有品牌？
3. 請討論吉康食品對自有品牌在線上及線下的行銷作法有哪些？
4. 請討論吉康食品組成「百人試用媽媽團」的目的何在？效果如何？
5. 請討論吉康食品未來的挑戰為何？
6. 總結來說，從此個案中，你學到了什麼？

2-9 桂格燕麥飲：喝的燕麥第一品牌

1. 產品策略與定價策略

　　近年來，桂格推出一支新產品，受到市場矚目，而且也成功銷售，算是近年來難得成功的一支新產品，這支新品即是桂格推出的燕麥飲。

　　此支新品，計有 3 支品項，一是稱為「喝的燕麥」、二是「豆漿燕麥」、三是「燕麥堅果王」等 3 款。這 3 款都是 290ml 的小包裝，零售定價為 30 元，算是中等價位，比一般茶飲料每瓶 20 元，略貴 10 元左右，主要是原料較貴的因素。

　　桂格最強的產品，即是燕麥片。過去都是消費者自己買燕麥片再加上奶粉，自己沖泡當作健康養生的早餐。如今，為了因應某些養生族群的上班族的早餐，桂格順勢推出這種燕麥加奶粉、或加豆漿、或加堅果等燕麥飲，滿足這些族群的需求，結果上市後，意外的受到特定族群的歡迎，因此能夠存活下來。

　　桂格燕麥飲強調擁有豐富的膳食纖維，可以喝出健康與飽足感。

桂格燕麥飲：3 種品項

01 | 喝的燕麥

02 | 豆漿燕麥

03 | 燕麥堅果王

（瓶身：桂格燕麥）

---

2. 推廣策略

　　桂格燕麥飲上市二、三年來，第一年推出知名歌手林俊傑（JJ）為代言人，第二年推出知名一線演員金鐘影帝吳慷仁為代言人，這兩位代言人，都很成功的展現桂格燕麥飲的獨家特色與對消費者帶來的健康好處。再加上一定量的電視廣告及網路廣告媒體的曝光，成功打響「桂格燕麥飲」品牌知名度、好感度及促購

度。

目前桂格燕麥飲，已經超越競爭對手的愛之味燕麥飲，而成為市場上此類產品的第一品牌，可說是異軍突起。

二大代言人

01 | 吳慷仁

02 | 林俊傑

3. 通路策略

桂格燕麥飲的銷售通路據點，主要有下列 3 種：

(1) 便利商店：包括統一超商的 5600 店、全家 3600 店、萊爾富 1300 店、OK 800 店，合計 10000 多店；此部分占桂格燕麥飲全年營收額的占比高達 50% 之多，是最重要的通路。

(2) 超市：包括全聯 1000 店、頂好 220 店、美廉社 600 店，合計 1800 多店，占比為 30%。

(3) 量販店：包括家樂福 120 店、大潤發 25 店、愛買 15 店，占比為 20%。

4. 關鍵成功因素

桂格燕麥飲新品的上市成功，歸納來說，有下列 5 點成功因素：

(1) 是品類選得對，消費者有此需求存在。現在上班族逐漸重視要吃、喝健康，所以才會有無糖茶飲料及無糖燕麥飲的崛起。

(2) 是競爭者少。過去，這個領域的主力品牌，只有愛之味品牌而已，但愛之味沒有炒熱燕麥飲的品類市場需求，因此，給予桂格進入空間，很快就超越愛之味了。

(3) 是品牌命名成功。桂格很有名，再加上燕麥飲的稱號，包括「喝的燕麥」、「豆漿燕麥」等品牌名稱，都很好記憶、很好叫、很好傳播出去。

(4) 是包裝吸睛。桂格燕麥飲的包裝具有特色，放在貨架上一眼就可看出，有助品牌的識別力。

(5) 是全面上架。桂格燕麥飲雖是新品，但是以桂格這種老牌企業，再加上廣告大量轟炸，因此，能夠很快的上架陳列到各主流零售店面內。

(6) 是代言人成功。林俊傑及吳慷仁都是一線 A 咖的歌手及演員，能夠成功吸引消費者目光。

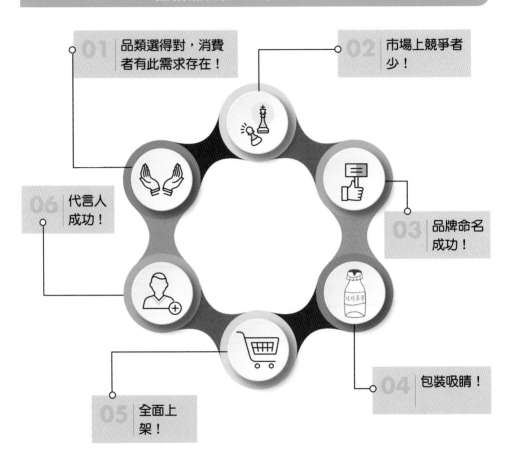

桂格燕麥飲：成功六大要因

01 品類選得對，消費者有此需求存在！

02 市場上競爭者少！

03 品牌命名成功！

04 包裝吸睛！

05 全面上架！

06 代言人成功！

你今天學到什麼了？
──重要觀念提示──

1. 品類選得對：
   桂格推出喝的燕麥系列產品，算是品類選得對、選得成功，成為上班族的健康導向飲料，加上消費者有其需求性存在，以及競爭對手較少，因此，能夠新品上市成功。

行 銷 關 鍵 字 學 習

1. 喝的燕麥
2. 上市成功
3. 運用知名藝人做代言人
4. 打出「桂格燕麥飲」成功的知名度
5. 健康導向的燕麥飲料
6. 便利商店主力通路
7. 品類選得對
8. 消費者有需求性存在
9. 競爭對手較少
10. 品牌命名成功
11. 包裝吸睛

問題研討

1. 請討論桂格燕麥飲的產品策略及定價策略？
2. 請討論桂格燕麥飲的推廣及通路策略為何？
3. 請討論桂格燕麥飲成功六大要因為何？
4. 總結來說，從此個案中，你學到了什麼？

2-10 娘家：國內保健品的馬黑崛起品牌

1. 產品策略與定價策略

　　「娘家」原是民視電視臺收視率很高的八點檔閩南語連續劇，後來開始發展周邊產品，都意想不到非常成功。從娘家滴雞精、娘家益生菌、娘家大紅麴等三系列產品，都非常成功暢銷，躍上國內主要保健品牌前三大之一。

　　「娘家」保健品的定價策略採取中高定價策略，每一大禮盒的零售價，滴雞精大約在 1000-1500 元之間，益生菌大約在 2000-2100 元之間，大紅麴大約在 2400-2500 元之間。

　　由於是保健品之故，「娘家」非常重視品質的保證，因此，從原料採購、到製造生產、物流配送等都是層層把關，做出優質產品給消費者食用，並曾獲得「國家生技醫療品質獎」的肯定。

娘家：三大主力暢銷產品

02 | 娘家益生菌！

01 | 娘家滴雞精！

03 | 娘家大紅麴！

2. 通路策略

　　「娘家」系列產品的主要銷售通路有 4 種，說明如下：

(1) 藥妝連鎖店：

　　　包括屈臣氏 500 店、康是美 400 店、杏一藥局、大樹藥局、丁丁藥局等

均有販售，銷售占比為 30%。

(2) 電視購物：

　　「娘家」大量在電視廣告強打品牌，播出最後會打出可電話訂購的電話號碼，類似電視購物型態，此部分占比為 30%。

(3) 超市及量販店：

　　包括全聯的 1000 店、頂好 220 店、家樂福 120 店、大潤發 25 店、愛買 15 店等，此部分占比亦為 30%。

(4) 網購：

　　除可在娘家官網訂購，再加上 momo、PChome、蝦皮、Yahoo 奇摩等主力網購均可下訂購買，此部分占比為 10%。

3. 推廣策略

　　「娘家」保健品的主力推廣宣傳策略，即是運用大量的電視廣告播出，並以教授、專家親身證言式廣告加以呈現。每年投入廣告預算，至少在 6000 萬元以上。此外，電視廣告也會運用藝人代言，包括陳美鳳、白家綺、葉家好等都曾代言過「娘家」品牌，使娘家品牌的知名度、印象度、好感度都大幅提升。

娘家產品廣告

‧以證言式廣告製作！
‧邀請教授、專家、藝人做代言！

4. 關鍵成功因素

　　「娘家」保健品能夠突出崛起，其成功因素有下列 7 點：

(1) 品牌名稱好記、好唸、好傳播。

(2) 選對主流保健產品品項，例如：益生菌、滴雞精等都是市場暢銷的品項。

(3) 確有產品效果；產品力經得起考驗，高回購率。

(4) 大量投入廣宣預算，已把娘家保健品牌，打得很響亮。

(5) 代言人成功；吸引顧客目光，拉升品牌力。

(6) 電視購物型態成功；一方面播出廣告片，另一方面可立即打電話訂購。

(7) 在通路能夠密集上架，方便顧客購買。

娘家：關鍵成功七大要素

01	品牌名稱好記、好唸、好傳播！
02	確有產品效果！
03	選對市場主流品項！
04	大量投入廣宣預算！
05	代言人成功！
06	電視購物型態成功！
07	通路密集上架，方便購買！

你今天學到什麼了？
—— 重要觀念提示 ——

1. 證言式廣告片成功：

娘家三大系列保健產品，都是採取證言人式的，以及代言人式的電視廣告片呈現，運用藝人、醫生、教授、專家等作為證言人，提高說服力。TVCF 是成功的，打響了娘家的全臺知名度，行銷操作成功。

2. 選對主流保健品項：

娘家推出市場上需求量最多的益生菌、雞精、大紅麴等三大產品，市場賣得不錯。

行銷關鍵字學習

1. 娘家連續劇成功開發出周邊產品
2. 三大系列產品
3. 採取中高價策略
4. 重視品質保證性
5. 曾獲國家生技品質獎
6. 藥妝連鎖通路
7. 證言式廣告片
8. 電視購物式廣告播出
9. 大量電視廣告投入
10. 邀請藝人、教授、專家、醫生做代言人
11. 品牌名稱好記、好唸、好傳播
12. 選對主流品項
13. 產品力經得起考驗
14. 高回購率

問題研討

1. 請討論娘家的產品策略及定價策略為何？
2. 請討論娘家的通路策略及推廣策略為何？
3. 請討論娘家關鍵成功 7 項因素為何？
4. 總結來說，從此個案中，你學到了什麼？

2-11 森永牛奶糖：品牌回春轉型策略

1. 傳統品牌的困境

從小時候記憶裡的森永牛奶糖，在臺灣已有 60 年歷史了。臺灣森永牛奶糖以外銷訂單最多，占營收四成之多。但外銷業績掌握在別人手上，說轉單就轉單，故要設法提高臺灣內需市場占比，才能降低經營風險。

臺灣森永牛奶糖的產品組合占比也在改變中，牛奶糖占比目前只剩 10%，授權商品 HI-CHEW 占比約 15%，但也不好做；IN-JELLY（能量果凍飲）是唯一呈現成長的品項，成為臺灣森永的第一大商品。目前以這兩項賣的較好，但也找不到更新的產品線，這是令臺灣森永較擔心的。

再者，國內大型連鎖通路的銷售占比已達到 70%，使得通路影響力大增，利潤也被侵蝕，風險增加。

另外，軟糖市場也很競爭，看不到未來。現在產品的平均壽命，以前有 25 年，現在只剩 3 年，成本無法回收，生意不好做。

總結來說，臺灣森永的困境，可歸納為下列 4 點：

(1) 牛奶糖市場萎縮，營收占比只剩 10%，其他軟糖生意也不好做。

(2) 各類產品平均壽命急速縮短，成本收不回來。

(3) 找不到新的、好的產品品項來做。

(4) 大型連鎖通路影響力日增，利潤被侵蝕減少。

臺灣森永牛奶糖：四大困境

01 牛奶糖市場萎縮，營收占比只剩 10%，其他軟糖生意也不好做！

02 各類產品平均壽命急速縮短，成本收不回來！

03 找不到新的、好的產品品項來做！

04 大型通路影響力日增，利潤減少！

2. 轉型策略

為了尋求突破困境，臺灣森永公司嘗試與各知名品牌聯名合作新產品，並藉此賣掉牛奶糖的糖漿原料，有效增加原料收入。

因此，在 2019 年 7 月夏天，臺灣森永與臺灣第一大速食店麥當勞聯名合作推出「森永牛奶糖冰炫風」，結果是臺灣麥當勞有史以來賣得最好的冰品，平均單店日銷售量超過 100 杯，同時，也連帶使森永的糖漿原料收入顯著增加。

2019 年 8 月，臺灣森永也與最大超市全聯福利中心，聯名開發多款平價牛奶糖甜點，沒想到也賣得不錯（臺灣森永 × 全聯聯名甜點）。

此兩項合作案的成功，使得臺灣森永信心大增，同時，也使得其他品牌主動上門談合作。另外，這些聯名商品的宣傳與口碑，意外的帶動原來牛奶糖的銷售量成長 50% 之高。

總結來說，聯名商品的成功，帶動臺灣森永轉型到銷售糖漿原料的收入模式，也帶動原有牛奶糖銷售的成長，進而也使得森永牛奶糖的品牌記憶度及好感度又提升回春起來。

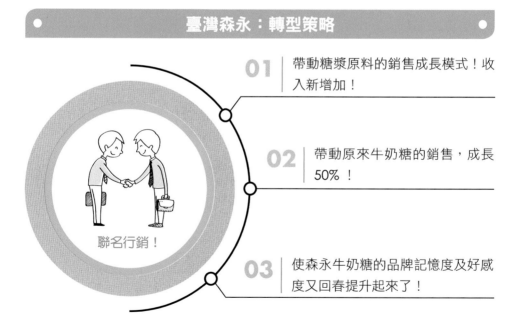

臺灣森永：轉型策略

01 帶動糖漿原料的銷售成長模式！收入新增加！

02 帶動原來牛奶糖的銷售，成長 50%！

03 使森永牛奶糖的品牌記憶度及好感度又回春提升起來了！

聯名行銷！

你今天學到什麼了？
——重要觀念提示——

1. 轉型策略：
   當產品既有的銷售模式陷入困境時，行銷人員必須思考轉型與改變策略，才能繼續存活下去！延續老模式肯定會被淘汰。

2. 聯名行銷：
   知名的 A 品牌與 B 品牌聯合開發出共同的聯名商品，有時候反而會成功提高銷售量，此種異業合作與聯名合作，也是行銷操作的可行項目之一。

行銷關鍵字學習

1. 外銷訂單
2. 提高內需市場占比
3. 降低經營風險
4. 產品組合
5. 通路影響力大增
6. 面對困境
7. 市場萎縮、占比衰退
8. 產品平均壽命縮短
9. 找不到好品項
10. 尋求突破困境
11. 轉型策略
12. 與知名品牌聯名合作
13. 聯名行銷
14. 聯名商品成功
15. 帶動新的銷售收入模式
16. 品牌回春

問題研討

1. 請討論臺灣森永牛奶糖的四大困境為何？
2. 請討論臺灣森永公司的轉型策略為何？三大效果如何？
3. 總結來說，從此個案中，你學到了什麼？

Chapter 3

調味品類

1. 公司概況及三次升級

萬家香是一家臺灣老牌的醬油廠，已經有 74 年歷史了。目前在醬油市場的市占率約 30%，與統一企業的醬油市占率頗為接近，兩者均並列第一品牌。

萬家香在臺灣屏東、中國與美國均有工廠，目前產品出口到 40 多個國家去，是臺灣出口醬油最多的優良品牌。

萬家香為市場老牌，它曾三次率先領導產品的變革與升級，如以下三次：

- 1975 年，率先生產不含防腐劑醬油。
- 2004 年，率先推動生產線醬油的純釀造化。
- 2014 年，率先推動非基因改造黃豆醬油。

萬家香 74 年來均無食安問題，顯示它不斷追求品質第一的經營理念。萬家香產品一直在改良，儘量不使用人工化學合成添加物，儘量天然、單純最好。

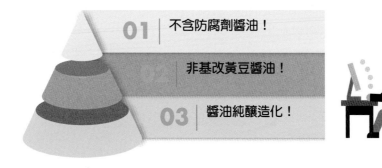

萬家香醬油：三大變革及升級重點

01 | 不含防腐劑醬油！

02 | 非基改黃豆醬油！

03 | 醬油純釀造化！

2. 產品策略與定價策略

萬家香的產品系列非常多元化，包括醬油系列、調味醬系列、醋系列、日式系列及業務用系列等 5 種。

除萬家香母品牌外，另外也推出「大吟釀」子品牌，母子兩個品牌均受到市場歡迎與肯定。

在定價策略方面，萬家香採取的是平價策略，其每瓶價格視不同容量及成分，零售價約在 69-119 元之間。與競爭品牌不相上下，這些主力競爭品牌有統一企業的四季醬油及龜甲萬醬油，以及金蘭醬油二大品牌；其他次要品牌還包括味全醬油、李錦記醬油、黑豆伯醬油，以及一些較高價的日本進口醬油。

3. 通路策略

萬家香醬油的銷售管道，目前以下列三者為最主要：

一為超市通路：包括全聯 1000 店、頂好 260 店、美廉社 600 店等近 2000 個總據點，銷售占比約為 60%。

二為量販通路：包括家樂福 120 店、大潤發 25 店、愛買 15 店等，銷售占比約 30%。

三為鄉鎮雜貨店：占比約 10%。

4. 推廣策略

由於萬家香醬油的購買族群以家庭主婦及中年人為主力，因此，在廣宣策略上，以主打電視廣告為主力，廣告訴求強調：不含防腐劑、純釀造、非基改黃豆醬油等 3 項特色為主。另外，也不忘記它最有名的 slogan（廣告金句）：「一家烤肉，萬家香。」

5. 關鍵成功因素

總結來說，萬家香醬油今天的成功，主要有 6 項因素：

(1) 早年先入市場，老品牌優勢：

萬家香醬油有 74 年歷史，早年是最先進入市場的品牌，具有老品牌印象優勢。

(2) 品質優良有保證：

萬家香醬油 74 年來，不斷改革創新它的成分及內容，其品質優良有口碑，且沒有發生食安問題，具好品質保證及依賴性。

(3) 廣告金句成功：

萬家香的電視廣告金句「一家烤肉，萬家香」，大家都能琅琅上口，形成強烈品牌印象與品牌特色。

(4) 價格平價、平實：

萬家香各種品類的醬油，其實非常平價、平實，廣為家庭主婦所能接受，具有高 CP 值。

Chapter **3**

調味品類

(5) 通路上架普及：

　　萬家香由於是老牌醬油，而且銷售量也不錯，因此在各大零售通路的陳列位置及陳列空間都不錯，消費者很容易拿取，對消費者具便利性。

(6) 品牌沒有老化現象：

　　即使萬家香是 74 年老品牌，但其在產品改良上及廣告宣傳上，仍持續不斷。因此，未出現品牌老化不利現象。

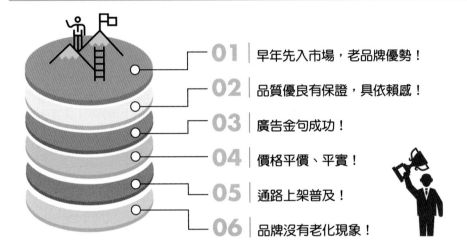

萬家香醬油：六大關鍵成功因素

01 ｜ 早年先入市場，老品牌優勢！

02 ｜ 品質優良有保證，具依賴感！

03 ｜ 廣告金句成功！

04 ｜ 價格平價、平實！

05 ｜ 通路上架普及！

06 ｜ 品牌沒有老化現象！

你今天學到什麼了？
──重要觀念提示──

1. 產品升級：

　　任何產品都會有它的生命週期循環，從導入、成長、成熟飽和、衰退四大歷程，為避免太早衰退，一定要努力把產品改良、改造及升級，讓產品永遠具活力、永遠年輕、永遠有新賣點，這是行銷人員必須努力的。

2. 產品系列多元化：

　　產品系列一定要朝多元化發展，才能滿足消費者、經銷商及零售通路商的需求。

3. 先入市場優勢：

Pre-market（先入市場優勢）是指一些大品牌、老品牌在數十年前，就已經進入市場，享有占有市場優勢。後發品牌一定要有差異化特色及區隔性，才能後進成功。

4. 品牌不老化：

任何品牌，即使數十年後，仍能長青，沒有老化，這些品牌都是很努力經營的、持續創新的，且常保青春。

行銷關鍵字學習

1. 產品三次升級
2. 多元化產品系列
3. 「萬家香」、「大吟釀」雙品牌策略
4. 超市通路、量販店通路
5. 廣告 slogan（一家烤肉，萬家香）
6. 先入市場，老品牌優勢
7. 好品質保證
8. 品牌沒有老化現象
9. 品牌長青
10. 品牌常勝軍

問題研討

1. 請討論萬家香醬油的公司概況及三次升級內容為何？
2. 請討論萬家香醬油的產品策略及定價策略為何？
3. 請討論萬家香醬油的通路策略及推廣策略為何？
4. 請討論萬家香醬油的 6 項關鍵成功因素為何？
5. 總結來說，從此個案中，你學到了什麼？

3-2 日本角屋：日本長銷麻油，熱賣160年的行銷策略

1. 面臨三大嚴峻環境

1858年，角屋麻油由香川縣小豆島的高橋家所創立，當時以製造芝麻油起家。100多年後，如今面臨三大嚴峻經營環境，説明如下：

(1) 日本人口減少，市場自然萎縮。

(2) 女性走入職場增加，而遠離廚房，用量自然減少。

(3) 零售業自行開發的低價麻油自有品牌增多，面臨削價競爭。

2. 營運績效仍佳

即使面臨逆境，角屋的業績仍佳，2019年度的營收額為300億日圓（約85億臺幣），連續6年成長，獲利率也達到12%之高，連續3年成長。

3. 角屋的成功行銷策略

角屋近幾年來雖面臨逆境，但仍能保持營收成長，主要可以歸納出三大行銷策略，説明如下：

(1) 發覺新需求

(2) 開創新市場

(3) 提高市占率

雖然麻油被視為成熟飽和期商品，但它仍將麻油應用在各種新場合，以擴大市場規模。

角屋三大行銷策略

01 發覺新需求　02 開創新市場　03 提高市占率

4. 兩個對策提高消費者使用率

(1) 推出聯名商品：

　　角屋的第一個對策，就是與其他業界的異業合作，或稱為聯名行銷。從2010 年到今天，10 多年來已經誕生約 70 種「聯名商品」，從仙貝、卡樂比洋芋片、泡菜、海苔等，種類相當廣泛。

　　聯名商品可以吸引年輕族群，例如：與卡樂比合作的聯名洋芋片，在外包裝上印有角屋麻油商標，可以增加卡樂比銷售量，而且可增加角屋的廣告效果及使用量。

(2) 增加新穎應用方式（教你新吃法）

　　角屋在宣傳上鼓勵家庭主婦，只要在「配菜加上幾滴，就可以加添獨特風味」，如此可以加速一瓶麻油用光時間。另外，角屋也在推廣「以麻油取代沙拉油」，用純白麻油在炒菜上，或製作麵包上，並在年輕人愛用的社群媒體 IG 上，廣為宣傳圖片或影片。

日本角屋麻油：勝出四大關鍵

01 展開聯名商品！
02 教你新吃法！
03 開創新市場！
04 發崛新需求！

5. 更換傳統包裝容器

　　角屋對 160 多年來的傳承口味堅持不改，但在包裝容器上，過去用玻璃瓶裝，其缺點是易摔破且稍重。直到 2013 年才排除反對意見，改為材質較輕且現代感的寶特瓶。對高齡使用者也有好處，改變包裝瓶後，銷售量反而還增加。

6. 專注自身核心產品

角屋公司 160 多年來只出售單一產品，好像會限制專業規模的擴大，而其他的食品公司紛紛走多角化經營。然而，角屋不畏懼外面嚴峻環境，而仍專注於自身核心產品，並堅持此項產品的強項優勢，不斷追求精益求精。

日本角屋麻油：近五成市占率

只靠「麻油」
一項產品！

· 在日本保有五成市占率！
· 專注核心產品！
· 精進產品強項！

你今天學到什麼了？
—— 重要觀念提示 ——

1. 專注自身核心產品：
   企業經營成長，有兩個方向，一是朝多角化產品發展，二是朝單一產品、核心產品發展，各有其道理，要看公司的選擇策略。選擇之後就努力執行，必會成功。

2. 發展新需求、開發新市場：
   任何行業及產品都會有其生命週期，在成熟飽和期下，如何去發覺消費者新的需求，或是去開發過去沒人注意的新市場，都可使公司找到新的成長契機。

行銷關鍵字學習

1. 面臨三大嚴峻環境
2. 市場自然萎縮
3. 低價自有品牌
4. 營運績效
5. 發覺新需求
6. 開發新市場
7. 提高市占率
8. 成熟飽和期
9. 擴大市場規模
10. 提高消費者使用率
11. 推出聯名商品
12. 吸引年輕族群
13. 教你新吃法
14. 更換包裝容器
15. 專注自身核心產品
16. 單一產品系列
17. 多角化事業
18. 堅持強項產品
19. 不斷精益求精

問題研討

1. 請討論角屋麻油公司面臨哪三大嚴峻環境？其營運績效為何？
2. 請討論角屋的成功三大行銷策略為何？
3. 請討論角屋使用哪兩個對策，以提高消費者使用率？
4. 請討論角屋為何不走多角化策略，而專注於自身核心產品策略？
5. 總結來說，從此個案中，你學到了什麼？

Chapter 4

美髮沐浴清潔品類

4-1 臺灣花王：成功行銷心法

臺灣花王在臺灣能夠行銷成功，主要根源於它的 3 項行銷心法，說明如下：

〈行銷心法 1〉了解消費者的需求！

臺灣花王真正了解消費者想要什麼！花王一直以來都致力於從各個現場，深入理解消費者。從消費者與產品接觸的那一刻起，花王就會開始觀察，包括：

(1) 消費者如何認知、解讀產品？

(2) 如何選購產品？

(3) 如何使用產品？

唯有深入了解每個環節，才能真正捕捉到消費者的需求，並提供正確的產品與服務。

花王開發產品，先研究消費者行為！

01 消費者如何認知商品？

02 消費者如何選購商品？

03 消費者如何使用產品？

〈行銷心法 2〉創造消費者喜愛的品牌！

花王在臺灣深耕多年，旗下許多品牌相當受消費者喜愛，主要有 2 個品牌：

(1) 最長銷品牌：花王

花王最長銷的商品，即是「花王洗髮精」。1966 年進入臺灣後，長達

50 多年，至今仍是臺灣銷售量前三大洗髮精。

(2) 最高銷售金額品牌：Biore

　　根據花王的民調，臺灣每 10 位年輕女性，就有 4 位使用過 Biore，而銷售金額最高的品牌，即是以 20-30 歲年輕人世代的 Biore。其卸妝產品、防曬品，在臺灣市占率都是第一名。沐浴乳銷量也在快速上升中。

〈行銷心法 3〉重視消費者體驗！

　　臺灣花王每年為旗下各品牌，經常舉辦戶外活動，平均每年至少 10 場以上，就是高度重視與消費者面對面親自溝通的累積經驗，以獲得消費者的好感度。

〈花王半步先〉策略

　　日本花王社長曾以「半步先」來評論市場趨勢，意即「走在消費者前面半步距離」，即使產品先進，也應守在消費者的理解範圍內，太快一大步，消費者便無法體會。

〈從消費者視角出發〉

　　臺灣花王從事行銷活動，最重要的 3 項理念，說明如下：

(1) 要去理解消費者的生活

(2) 從消費者視角出發

(3) 解決消費者生活上的痛點

花王 3 項行銷核心理念

01 從消費者視角出發！

02 要去理解消費者的生活！

03 要解決消費者生活上的痛點！

臺灣花王主力 13 個品牌

01

家居清潔用品

- 花王
- Biore
- Men's Biore
- 一匙靈
- 新奇
- 魔術靈
- ASIENCE
- Curél 珂潤

02

健康護理用品

- 蕾妮亞
- 美舒律
- 絲逸歡

03

美妝用品

- SOFINA
- 逸萱秀

你今天學到什麼了？
—— 重要觀念提示 ——

1. 花王 3 項行銷理念：
   花王是日本第一大日用品公司，也是最會行銷的公司，必須牢記它的 3 項行銷理念：
   (1) 從消費者視角（觀點）出發
   (2) 要去理解消費者的生活
   (3) 要解決消費者生活上的痛點及不方便
   不管是公司研發人員、商品開發人員、行銷人員、業務人員都必須牢記。

2. 花王「半步先」策略：
   意思就是行銷人員凡事都必須走在消費者的前面半步，走一步怕太前進了，走半步剛剛好！總之，要領先消費者半步，但不要脫離消費者太遠。

3. 重視消費者體驗：
   現在行銷操作愈來愈重視消費者對產品及服務的體驗，故必須做好體驗行銷工作。

行銷關鍵字學習

1. 了解消費者需求
2. 了解消費者如何認知、如何選購、如何使用產品的行為
3. 重視消費者的體驗（即體驗行銷）
4. 「半步先」策略
5. 從消費者視角出發
6. 要去理解消費者的生活
7. 要去解決消費者生活上的痛點及不便利

問題研討

1. 請討論臺灣花王的 3 項行銷心法為何？
2. 請討論花王的「半步先」策略為何？
3. 請討論臺灣花王有哪些品牌？
4. 總結來說，從此個案中，你學到了什麼？

1. 公司簡介

耐斯 566 成立於 1964 年，目前是臺灣規模最大的日用品化工廠。它從原料、充填、包裝及品管等層層把關，是很嚴謹的，從沒發生過問題。

耐斯 566 旗下品牌，目前在臺灣銷售第一名的，計有 566 沐浴乳、566 染髮霜、泡舒洗潔精、白鴿洗衣精等 4 個品牌。

耐斯 566 旗下計有十多個知名品牌，包括澎澎女性沐浴乳、566 染髮霜、566 洗潤髮、萌髮 566、PONPON MAN、Fresh Up 萌髮、白鴿、泡舒、全植媽媽、白帥帥、莎啦莎啦、植萃 566 等。

耐斯 566 於 1999 年開始進軍中國巨大市場。

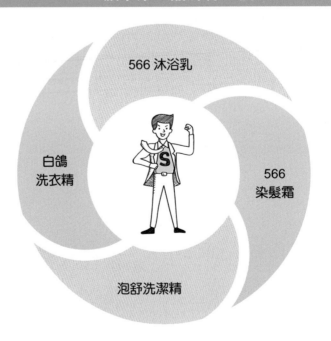

566 旗下第一品牌有 4 個

566 沐浴乳

白鴿洗衣精

566 染髮霜

泡舒洗潔精

2. 營運績效佳

近 3 年來，耐斯 566 公司每年淨利額都有 30% 的高成長率，顯示耐斯 566 營運績效良好，不僅營收有成長，成本也控制得當。

根據臺灣尼爾森的零售業數據調查，耐斯旗下的澎澎是臺灣市占率第一的沐浴乳品牌。而屈臣氏美妝店調查，566 是店內髮類品牌業績排名前十名。旗下泡舒洗碗精也是理想品牌第一名。2019 年中國淘寶雙十一節，依據天貓所公布前十大臺灣品牌，耐斯旗下 566 品牌也榜上有名，一支染髮筆在雙十一節當天銷售即超過 2 萬支，平常在臺灣要賣一年之久。

這個本土老品牌，沒有被外商品牌所淹沒，而能持續成長的原因及行銷理念為何？

3. 566 的行銷理念

耐斯 566 的營運長邱玟諦表示，566 這 42 年來，之所以能夠屹立不搖的三大行銷理念，即是：

(1) 只要有 70 分，就可以先走了：

耐斯一年平均要賣 20 款新產品，現在手上已備好 30 款新產品，農曆年後要在中國天貓網購平臺推出，但公司能夠做得到嗎？邱營運長表示，做行銷，要先別想到困難度，先做下去，事情不用做到完美的 100 分，只要能達到 70 分就可以先走了，可以邊做邊改。而且，當你在 70 分時，就會聽到市場上要你如何加強改善與升級的方向和方法，因此，世界上也不會有 100 分的事情。尤其，新產品開發及上市更是如此，不必自己關起門來做到 100 分，而是要先一步走向市場，接受市場的磨練及傾聽意見反應，再迅速修改、修正、改良，就可以進一步做好它。

(2) 要跟著顧客需求而改變：

顧客的需求，在每一個時段都是不同而有變化及改變的，此即是顧客的「迭代需求改變」。因此，重點即是要抓住改變的節奏，才能滿足顧客的變動需求。

例如：在早期物質缺乏年代，就要推豐富營養的蛋黃素洗髮乳，滋養秀髮。接著市場追求天然，就要有零矽靈洗髮乳。再來，美妝界鼓吹頭髮是女人第二張臉，就改賣乳木果油產品。後來，則要加入蓬亮分子，讓頭髮又蓬又亮。現在則嫌頭髮變白，改賣染髮霜系列。有一陣子，香水洗髮精也賣得很好。

因此，總結來說，每次市場改變的迭代，廠商都要應對好趨勢的變化才

行，否則很容易被淘汰。

(3) 先跟進我自己：

在市場巨烈變動的環境中，品牌廠商必須堅持：「我在別人跟進我之前，我自己就要先跟進我自己。」耐斯 566 的產品變動很快，而且跟消費者說話及溝通的方式，也要快速變化才行。做什麼事，都要有備無患才行，做行銷更要如此。

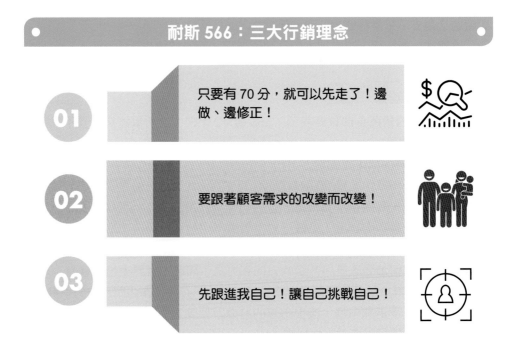

耐斯 566：三大行銷理念

01 只要有 70 分，就可以先走了！邊做、邊修正！

02 要跟著顧客需求的改變而改變！

03 先跟進我自己！讓自己挑戰自己！

4. 結語

成功行銷關鍵九字訣總結來說，耐斯 566 已是 42 年老品牌，它之所以能夠保持長青不衰，主要是掌握了「求新、求變、求快、求更好」的成功行銷關鍵，才能夠成功走到現在，並且邁向明天的未來。

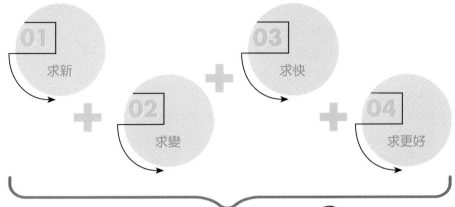

耐斯 566：成功行銷關鍵九字訣

01 求新
02 求變
03 求快
04 求更好

· 打造出第一品牌！
· 保持產品銷售長青！

你今天學到什麼了？
—— 重要觀念提示 ——

1. 不要等完美的 100 分：
   做研發、做產品、做行銷，不要等到完美的 100 分才做，此時商機已過了。因此，先做下去，市場上會有一些聲音回來，此時再快速改良、修正、升級，就會朝著成功前進。
2. 抓住顧客變動的節奏：
   做行銷要成功的一項根本原則，即是要跟著顧客需求而改變，也要抓住顧客變動的節奏。
3. 先革自己的命：
   做行銷不要怕競爭者追上，必須先革自己的命，先跟進我自己！永遠保持在最前面。

美髮沐浴清潔品類

行銷關鍵字學習

1. 求新、求變、求快、求更好
2. 旗下十多個知名品牌
3. 只要有 70 分，就可以先走了
4. 做行銷，不要先想到困難度
5. 先做下去，事情不用等到完美的 100 分才做
6. 可以邊做邊改
7. 可以聽到市場上一些改良的方向
8. 要接受市場磨練及傾聽意見反應
9. 要迅速修正、改良
10. 要跟著顧客需求而改變
11. 要抓住顧客變動的節奏
12. 先革自己的命、先跟進我自己
13. 永遠保持走在最前面

問題研討

1. 請討論耐斯 566 的公司簡介及營運績效如何？
2. 請討論耐斯 566 的三大行銷理念為何？
3. 請討論耐斯 566 的成功行銷關鍵九字訣為何？
4. 總結來說，從此個案中，你學到了什麼？

4-3 日本花王：洗衣精成功的祕訣

1. 創新第一，在日本首創小包裝洗衣精

1987 年，30 多年前，日本花王推出小包裝洗衣粉 Attack 品牌，容量只有舊商品四分之一小包裝，但洗衣潔白功效更勝以前舊式大包裝洗衣粉。當時，在日本電視廣告的 slogan，即是「只要一匙，潔白乾淨好驚人」，其產品體積小，不占空間、購買方便，推出之後，即躍居日本洗衣粉市占率第一名。

日本花王推出此產品，不只是創新技術突破，而且能站在顧客立場及角度，去尋求顧客的問題點及解決方案，以及滿足顧客實質的需求。

2. 不斷改良，推出創新濃縮洗衣精

日本花王研發人員不斷研發、升級及追求突破，在 2009 年首度推出濃縮式洗衣精「Attack Neo」品牌，在當時造成轟動，到現在各家競爭品牌也相繼跟上，成為洗衣精市場主流。

長期以來，日本花王任何創新產品策略的背後，都有詳實的顧客市調做科學數據基礎，市場行銷才會成功，也才能做出顧客真正想要的產品。

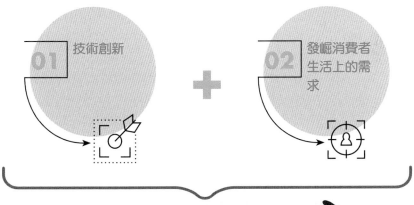

日本花王：創新，在日本首創小包裝洗衣精

01 技術創新

+

02 發崛消費者生活上的需求

・在日本首創小包裝洗衣粉及濃縮洗衣精！

3. 海外東南亞市場也經營成功

日本花王在海外東南亞市場，都會定期派員前往當地消費者家中，去做需求的訪問市調，以了解在地消費者對 Attack 品牌的根本需求與內心想法。

日本花王濃縮洗衣精在日本及東南亞市場，並不走低價策略，而是訴求產品高品質以抓住顧客的品牌忠誠度。日本花王的 Attack 品牌在東南亞各國的市占率，位居該國的前三名內。

日本花王運用日本總公司的技術配方，並透過海外市場在地化策略，終於能夠成功。

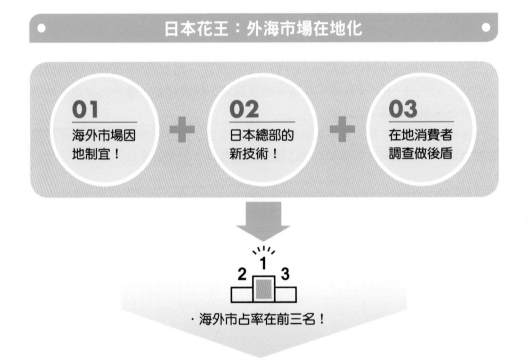

4. 結語

總結來說，日本花王 Attack 品牌能夠成功的方程式，如下：

Attack 成功方程式

❶ 掌握顧客需求＋ ❷ 技術創新突破＋ ❸ 高品質信賴＋
❹ 行銷宣傳＋ ❺ 品牌打造

 你今天學到什麼了？
──**重要觀念提示**──

1. 技術創新突破：
   日本花王的小包裝洗衣粉真正做到了「技術創新突破」，才能上市此種創新產品。因此，企業行銷必須注意到自身技術與研發的創新、突破及領先。

2. 詳實顧客市調：
   日本花王很重視顧客需求與看法的市調數據，經常性從事多種方式的市調，作為產品對策與行銷對策的科學化數據參考依據。

行 銷 關 鍵 字 學 習

1. 首創小包裝洗衣粉
2. 站在顧客立場及角度
3. 尋求顧客問題點的解決方案
4. 滿足顧客真正需求
5. 不斷改良、升級；追求技術突破
6. 詳實顧客市調
7. 科學數據基礎
8. 技術創新
9. 挖掘消費者生活上的需求
10. 東南亞市場很成功
11. 海外市場在地化

問題研討

1. 請討論花王在日本能於洗衣精市占率達 30% 以上，並連續稱霸 20 年的主因有哪些？
2. 請討論花王在東南亞海外市場的行銷戰略為何？
3. 請討論日本花王 Attack 品牌的成功方程式為何？
4. 總結來說，從此個案中，你學到了什麼？

4-4 黑人牙膏：牙膏市場第一品牌的行銷成功祕訣

1. 市占率第一，銷售東南亞市場

黑人牙膏，係屬於好來化工公司旗下的知名品牌，該公司成立於 1930 年代的中國上海，後來遷移來臺，迄今已有 80 多年歷史的長青品牌。黑人牙膏的銷售地區擴及到臺灣、中國、香港、越南、泰國、印尼、新加坡、馬來西亞等國，算是一個跨國企業。黑人牙膏在臺灣的市占率位居第一位，在中國的市占率也高居第二位，非常不容易。

根據波仕特線上市調網的一項國人慣用牙膏品牌的排名，顯示黑人牙膏占 32%。高露潔占 21%、舒酸定占 12%、牙周適占 4%、德恩奈占 3%、無固定品牌占 18%，以及其他品牌占 6%。[1]

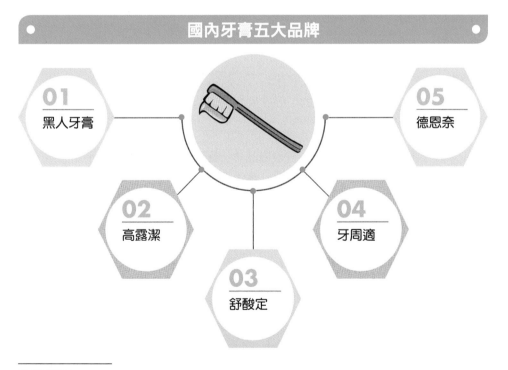

國內牙膏五大品牌

- 01 黑人牙膏
- 02 高露潔
- 03 舒酸定
- 04 牙周適
- 05 德恩奈

Chapter 4

美髮沐浴清潔品類

參考來源：

1 本段資料來源，取自波仕特線上市調網，並經改寫而成。（www.Pollster.com.tw）

2. 產品策略

歷經 80 多年的發展歷史，黑人牙膏的產品系列已非常完整、齊全、多元，包括以下 6 種主要系列：[2]

(1) 超氟系列（強化琺瑯質系列）

(2) 全亮白系列（有多種口味）

(3) 抗敏感系列

(4) 茶倍健系列

(5) 專業護齦系列

(6) 寶貝兔系列

黑人牙膏的產品功能訴求，主要以清新口氣、亮白牙齒、抗敏感、心情快樂等四大功能與消費者利益為主力訴求，並受到消費者的肯定與高滿意度。

3. 定價策略

黑人牙膏的定價策略，相較於競爭品牌，是屬於親民的平價策略。茲以作者本人親赴全聯超市記錄四大品牌的定價如下：

(1) 黑人全亮白：一支 75 元

(2) Crest（美國進口）：一支 189 元

(3) 高露潔：一支 105 元

(4) 舒酸定：一支 160 元

顯然，黑人牙膏是最平價的，因此受到廣泛消費大眾的購買。

4. 通路策略

黑人牙膏由於長期以來，位居領導品牌，因此，在通路上架都不是問題，而且還擁有很好的黃金陳列位置及空間，讓消費者很好取拿。

黑人牙膏的行銷據點非常綿密，包括以下：

(1) 超市：全聯超市（1000 個據點）、頂好超市（260 個據點）、美廉社（600 個據點）。

(2) 量販店：家樂福、大潤發、愛買。

(3) 便利商店：統一超商（5600 個據點）、全家（3600 個據點）、萊爾富（1300 個據點）、OK（800 個）等。

(4) 藥妝店：屈臣氏（500 個據點）、康是美（400 個據點）、寶雅（150 個據點）。

參考來源：

2　本段資料來源，取自黑人牙膏官網，並經改寫而成。（www.darlie.com.tw）

至於在網購通路方面，則有下列六大網購：momo、PChome、Yahoo 奇摩、蝦皮、樂天、生活市集等 6 家。

由於虛實通路很多地方都買得到黑人牙膏，因此，對大眾消費者是非常便利的。

5. 推廣策略

黑人牙膏的行銷，可以說做得非常成功，使其成為第一品牌是很有功勞的。它在推廣操作方面，主要有以下幾項：

(1) 代言人行銷：

黑人牙膏很擅長於代言人的操作方式，過去幾年來，陸續請趙又廷、楊丞琳、盧廣仲、楊謹華、陶晶瑩、高圓圓、田馥甄及迪麗熱巴等一線知名藝人為代言，效果不錯，帶給黑人牙膏更好的品牌印象及品牌忠誠度。

(2) 電視廣告：

黑人牙膏投入大量電視廣告的播放，每年大約投入 8000 萬元的電視廣

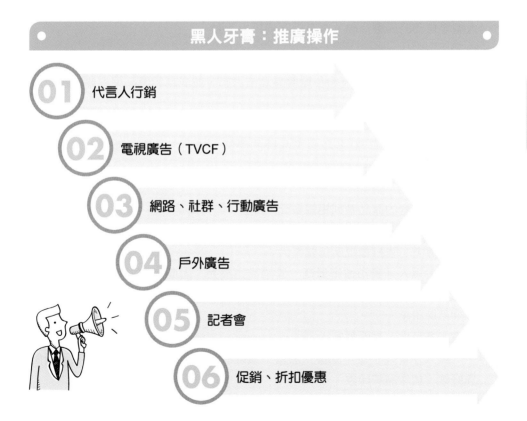

黑人牙膏：推廣操作

01 代言人行銷

02 電視廣告（TVCF）

03 網路、社群、行動廣告

04 戶外廣告

05 記者會

06 促銷、折扣優惠

告預算，打出很大的廣告聲量，使品牌曝光度達到最大，幾乎一年四季都看得到黑人牙膏的廣告。

(3) 網路、社群廣告：

　　黑人牙膏為了避免品牌老化及爭取年輕世代，每年投入 2000 萬元在網路、社群及行動廣告上曝光。可說是傳統媒體及數位媒體雙管齊下，打中所有的消費族群。

(4) 戶外廣告：

　　黑人牙膏在輔助媒體上投放一些廣告費，例如：公車廣告、捷運廣告、大型看板等戶外廣告，希望達成鋪天蓋地的宣傳效果。

(5) 記者會：

　　黑人牙膏每遇有新產品上市或是新代言人出來，總會舉行大型記者會，希望透過各式媒體的報導與曝光，增加品牌露出的聲量，加深品牌的印象深度。

(6) 促銷：

　　黑人牙膏經常使用的促銷方式就是「買兩支」會有特惠價格，以及配合大型零售商的節慶活動，會有相應的打折活動。

6. 關鍵成功因素

　　總結來看，黑人牙膏能夠長期擁有高市占率，並成為領導品牌主要的關鍵成功因素有以下 6 點：

(1) 長青品牌優勢及不斷求新求變：

　　黑人牙膏擁有 80 多年長青品牌的優勢，加上它能夠不斷求新求變，因此，始終領先不墜。

(2) 產品系列多元、齊全：

　　黑人牙膏的產品系列相當多元、齊全，能夠滿足各種不同消費者的需求，掌握最大的消費族群。

(3) 行銷預算多，強打電視廣告聲量大：

　　由於黑人牙膏市占率最高、營業額也最大，因此有能力撥出一定金額的電視廣告預算，強打電視廣告的曝光，持續深刻在消費族群的心目中，形成深刻品牌印象。

(4) 代言人多元化，具新鮮感：

　　黑人牙膏幾乎每年就換一個當下最紅的一線藝人，使消費群眾感到新鮮與好感，加深品牌印象。

(5) 通路密布,購買方便:

　　黑人牙膏通路上架密布在各種型態的賣場,據點也超過 1 萬個,對消費者而言購買具方便性,且其陳列位置及空間都是最好的。

(6) 顧客忠誠度高,回購率高:

　　80 多年的黑人牙膏,已累積不少高忠誠度及回購率高的消費族群,這群人足以穩固其基本營收額。

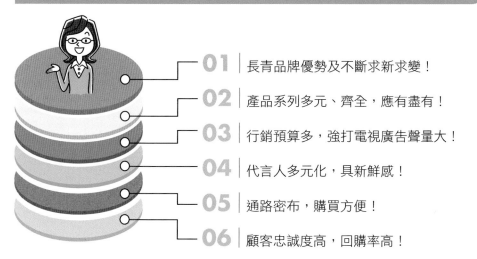

黑人牙膏:6 項關鍵成功要素

01 長青品牌優勢及不斷求新求變!

02 產品系列多元、齊全,應有盡有!

03 行銷預算多,強打電視廣告聲量大!

04 代言人多元化,具新鮮感!

05 通路密布,購買方便!

06 顧客忠誠度高,回購率高!

你今天學到什麼了?
——重要觀念提示——

1. 已有 80 多年歷史的長青品牌:
品牌力是企業行銷產品的最重要條件之一,而黑人牙膏歷經 80 多年歷史,仍能長青不敗,確實值得學習。這也顯示出,其在產品力、宣傳力、廣告力、通路力上面的不斷創新進步及鞏固性。

2. 顧客忠誠度高,且回購率也跟著高:
黑人牙膏能維持高的市占率,顯示其必有一群 50 歲以上的忠誠顧客群,長期以來一直支持及使用著黑人牙膏。

行銷關鍵字學習

1. 黑人牙膏市占率第一
2. 已有 80 多年歷史的長青品牌
3. 產品系列多元且完整、齊全
4. 以消費者利益（benefit）所在為訴求點
5. 親民的價格策略
6. 擁有黃金的陳列架位及空間
7. 超市為第一大通路據點
8. 代言人行銷成功
9. 每年不斷更替新的代言人，保持新感受
10. 大量投入電視廣告播出
11. 廣告聲量大
12. 長青品牌的優勢
13. 通路據點密布
14. 顧客忠誠度高、回購率高

問題研討

1. 請討論黑人牙膏的銷售國家及臺灣的市占率為何？
2. 請討論黑人牙膏的產品、定價、通路 3 項策略為何？
3. 請討論黑人牙膏的推廣策略為何？
4. 請討論黑人牙膏勝出的關鍵成功因素為何？
5. 總結來說，從此個案中，你學到了什麼？

4-5　白蘭：洗衣精第一品牌的行銷祕笈

1. 競爭品牌非常多

　　國內洗衣精及洗衣粉的市場產值規模，一年約為 40 億元。其市占率以「白蘭」居第一，市占率為 17%；第二品牌為一匙靈，市占率為 13%；其他 70% 的市占率分別為 10 多種品牌所瓜分，包括白鴿、毛寶、熊寶貝、妙管家、全效、茶樹莊園、依必朗、全植媽媽、皂福、水晶、橘子工坊及 ARIEL 進口品牌等 10 多種品牌，競爭非常激烈。

　　白蘭洗衣精上市已有 50 多年歷史，早期都以洗衣粉居多，但是近 10 多年來，均已改為洗衣精的方式居多。白蘭早期為本土國聯公司所生產，後來賣給外商聯合利華公司。

白蘭洗衣精：競爭品牌非常多

01 白蘭	**02** 一匙靈	**03** 白鴿	**04** 毛寶
10 全植媽媽			**05** 全效
09 依必朗	**08** 橘子工坊	**07** 皂福	**06** 茶樹莊園

2. 產品策略

　　白蘭洗衣精成分有多種，但均強調具有 24 小時長效除臭及除菌，並告別汗

臭霉味，為消費者解決洗衣困擾，是最值得信賴的洗衣好夥伴。此外，除了白蘭品牌外，還推出熊寶貝品牌，形成雙品牌，希望提高整個市占率及零售陳列空間。

　　白蘭最新推出四倍酵素洗衣精，具有最強潔淨能力。

3. 定價策略

　　白蘭洗衣精的定價策略，採取國民平價策略。大瓶裝的，每瓶售價在 149-199 元；小瓶裝的每瓶在 60-90 元之間。與其他競爭品牌相較，大家的零售價都很相近，白蘭並沒有高多少。以一瓶大的包裝，可以用好久，零售價才 150-200 元之間，實在是國民價格，相當親民。因洗衣精是每天必用的民生消費品，因此很難有訂高價的空間。

4. 通路策略

　　白蘭洗衣精的主力銷售通路有 3 種：

　　一是超市，主力為 1000 店的全聯超市，以及頂好超市，此部分占年營收的 50% 之高。

　　二是量販店，主力為 120 店的家樂福及大潤發、愛買等，占比為 30%。

　　三是網購，由於洗衣精很重，因此，透過網購的也不少，占比為 20%。

5. 推廣策略

　　白蘭洗衣精的推廣策略，主要集中在以下 2 種：

　　一為電視廣告，主要是品牌提醒（reminding）的作用，希望能保持第一品牌力的基本廣告露出聲量；每年固定廣告的投入量約為 3000 萬元。

　　二為賣場促銷，主要是配合大型連鎖賣場的各種節慶促銷活動，而以優惠促銷價提供，以拉升買氣。

6. 關鍵成功因素

　　白蘭幾十年來，一直位居領導品牌，雖然面對 10 多種眾多的競爭品牌，但仍能長保第一名的市占率，主要的關鍵成功因素如下：

(1) 歷史悠久，早入市場：

　　　　白蘭上市已有 50 多年了，這是一個早入市場且占有市場的早發品牌，擁有當年的早入市場優勢，而且都沒有品牌老化現象，殊為難得。

(2) 品牌保持年輕化，品牌力維繫良好：

　　　　多年來，白蘭透過產品不斷的研發與創新兩者，使其品牌沒有老化現象，仍能保持年輕化，可說其堅強品牌力仍維持的很好。

(3) 一大群忠誠老顧客：

　　白蘭 50 多年來，早已養成一大群忠誠老顧客。從小時候開始，使用到中老年都沒更換過品牌，這是它能鞏固老顧客的充分展現，連帶的也穩住其市占率。

(4) 產品不斷創新求進步：

　　白蘭有堅強的研發部門，每年都有新產品上市，不斷力求洗淨衣服與除菌、除臭功能的增強，為消費者解決困擾。

(5) 通路密集：

　　白蘭數十年來都與各種連鎖通路建立良好關係，由於是暢銷產品，因此在上架的陳列空間及陳列位置都給予最好的，通路密集方便消費者選購。

(6) 廣宣做得好：

　　白蘭數十年來，都固定在電視廣告播出，對維繫白蘭在大家心目中是第一品牌的印象非常深刻。由於白蘭廣宣創意不斷力求年輕化，也使其品牌印象不致於老化。

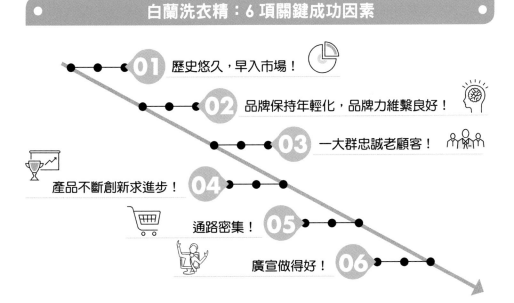

白蘭洗衣精：6 項關鍵成功因素

01 歷史悠久，早入市場！

02 品牌保持年輕化，品牌力維繫良好！

03 一大群忠誠老顧客！

04 產品不斷創新求進步！

05 通路密集！

06 廣宣做得好！

你今天學到什麼了？
——重要觀念提示——

1. 早發品牌優勢：
   有些消費性品牌都已經有 40、50 年歷史了，這些品牌具有早年的早發品牌優勢，能鞏固住市場，加上本身也不斷追求研發創新及廣告創意，因此，能夠守住第一品牌到今天，實在不容易。

2. 鞏固忠誠老顧客：
   很多早發品牌已有不少忠誠老顧客，如何鞏固好這些忠誠老顧客，以及開發新客戶，這兩方面都要同時努力達成。

行銷關鍵字學習

1. 洗衣精競爭品牌非常多
2. 產品功能與特性
3. 雙品牌提高市占率及零售陳列空間
4. 平價策略
5. 民生消費品很難有訂高價空間
6. 超市主力銷售通路
7. 賣場促銷
8. 位居領導品牌
9. 歷史悠久，早入市場之優勢
10. 早發品牌優勢
11. 沒有品牌老化現象
12. 品牌保持年輕化
13. 忠誠老顧客、鞏固老顧客

問題研討

1. 請討論國內有多少洗衣精競爭品牌？白蘭市占率多少？位居第幾位？
2. 請討論白蘭的產品策略及定價策略為何？
3. 請討論白蘭的通路策略及推廣策略為何？
4. 請討論白蘭的成功關鍵因素為何？
5. 總結來說，從此個案中，你學到了什麼？

Chapter 5

美妝保養品類

5-1 專科：黑馬崛起的保養品

　　「專科」是資生堂旗下的另一個品牌，在日本也是開架式保養品中的領導品牌。「專科」進入臺灣市場後，像黑馬崛起般，受到不少年輕女性消費族群的歡迎與購買。它的正式名稱為：「洗顏專科」（SENKA）。

1. 產品策略（product）

　　歷經 10 多年的發展，「專科」品牌的產品系列，已更加多元、完整、齊全。根據該品牌官網顯示，有以下 7 種產品系列：[1]

(1) 洗臉系列（洗面乳）

(2) 卸妝系列

(3) 保養系列

(4) 防曬系列

(5) 純白系列

(6) 面膜系列

(7) 多效合一系列

　　上述各種保養功能的產品系列都有，非常方便女性消費者的選購。

2. 價格策略（price）

　　「專科」品牌不是百貨公司專櫃的高價產品，而是陳列在美妝連鎖店內的開放式產品，因此，採取平價策略，價格相當親民，價格帶在每一條為 100-240 元之間，可說非常便宜，很適合年輕的小資女上班族保養選購之用。

3. 通路策略（place）

　　「專科」的通路上架策略，主要有以下幾種：

(1) 最重要，占比最高的是美妝、藥妝連鎖店，包括屈臣氏（500 家店）、康是美（400 家店）、寶雅（150 店）等。

(2) 次要的，則是超市，包括全聯（1000 店）、頂好（260 店），以及量販店，如家樂福（120 店）、大潤發（25 店）等。

(3) 在網購通路，則有前六大網站，包括 momo、PChome、Yahoo 奇摩、蝦

參考來源：

1 本段資料來源，取材自「專科」保養品官網，並經大幅改寫而成。（www.senka.com.tw）

皮、生活市集、樂天等 6 家大型網購公司,均有販售專科系列產品。

4. 推廣策略(promotion)

　　「專科」很會行銷品牌,來臺灣才幾年,就能在十幾種保養品中,打出高知名度及高形象度,確實不易。其主要推廣策略,說明如下:

(1) 代言人成功:

　　「專科」這幾年來,採用了兩位一線知名藝人,一是楊丞琳、二是許瑋甯。這兩位藝人,都是高知名度、形象良好、膚質很好,個人特質也與專科的特色及定位極相符合,因此產生很好的代言效果。

(2) 大量電視廣告投放:

　　「專科」每年都投入 4000 萬元,強打電視廣告的曝光,給品牌帶來極大的廣告宣傳聲量。幾年下來,也成為平價的一線保養品品牌。

(3) 網路、社群、行動廣告投放:

　　由於「專科」的目標消費族群都屬於較年輕的小資女上班族,因此,必須將廣告投放在網路、社群及行動媒體上,才能較精準的接觸到她們。

專科保養品:推廣策略

代言人行銷!
01

網路、社群、行動廣告投放!
WWW
03

促銷活動!
05

記者會宣傳!
07

大量電視廣告投放!
02

公車、捷運、大型看板!
04

體驗行銷!
06

(4) 公車、捷運、大型看板：

在戶外廣告方面，「專科」也會在公車廣告、捷運廣告、大型看板廣告做一些投放，以作為輔助宣傳之用。

(5) 促銷活動：

「專科」會配合各大零售賣場，在各種週年慶、年中慶、母親節、春節……活動，做一些折扣促銷活動，以吸引買氣。

(6) 體驗活動：

「專科」在週六、日會在各大人群聚集的信義商圈，做戶外的品牌體驗活動，讓更多的小資女們有體驗的機會，以及能認識此品牌的功效。

(7) 記者會宣傳：

「專科」在新品上市或新代言人出來時，都會舉辦大型記者會，以做好各大平面、網路的新聞媒體報導，拉抬更高的品牌知名度。

5. 關鍵成功因素

「專科」保養品的迅速崛起，其關鍵成功因素，可歸納為下列 6 點：

(1) 來自日本品牌，品質佳：

「專科」為日本進口的品牌，國人一向有日本品牌就是好產品的觀念，因此，也認為「專科」就是好的日本原產地保養品牌。

(2) 大量行銷預算投入：

「專科」是日本第一大化妝保養品資生堂公司的旗下品牌，由於是日本知名大公司，因此，享有每年大量行銷宣傳預算的投入，這對「專科」品牌知名度及形象度的打響，有很大助益。

(3) 代言人成功：

「專科」選中的兩位代言人，楊丞琳及許瑋甯都是非常合適的代言人，可說代言成功，成功的強化了「專科」在保養品的功效感受。

(4) 平價：

「專科」雖是日本品牌，但是卻沒有日本產品的高價格，反而非常平價，深受年輕上班族與日系產品愛好者的喜歡。尤其，在目前年輕人普遍低薪的環境下。

(5) 效果好，口碑佳：

「專科」雖然平價，但是在品質及功效方面卻表現不錯，使用過的消費者都有不錯的口碑。

(6) 上架普及，方便購買：

「專科」由於是知名資生堂公司的品牌，加上它投入大量宣傳廣告，因

此，都能順利上架到主流的美妝連鎖店、超市、量販店及網購公司，此種上架普及也方便消費者購買。

專科保養品：關鍵成功 6 項因素

01 來自日本品牌，品質佳！

02 大量行銷宣傳預算投入！

03 代言人成功！

04 平價！

05 效果好，口碑佳！

06 上架普及，方便購買！

你今天學到什麼了？
—— 重要觀念提示 ——

1. 廣告曝光率及廣告聲量足夠：
「專科」保養品係屬後發平價品牌，其在電視及網路的廣告曝光度與廣告聲量，必須足夠，才能打響後發品牌的知名度及影響力。因此，適當的廣宣預算投入是必須的。

2. 兩位藝人代言人成功：
「專科」使用楊丞琳及許瑋甯兩位形象清新、具親和力的代言人，產生代言的良好效果及接受度。

美妝保養品類

行銷關鍵字學習

1. 開架式平價保養品的領導品牌
2. 產品系列的完整性
3. 價格非常親民
4. 藥妝、美妝連鎖店通路
5. 楊丞琳、許瑋甯兩位代言人成功
6. 大量電視廣告投放
7. 廣告曝光度及廣告聲量夠
8. 網路、社群媒體廣告
9. 日本進口品牌
10. 優質產品力、口碑佳
11. 上架普及，方便購買

問題研討

1. 請討論「專科」保養品的產品、定價及通路策略為何？
2. 請討論「專科」保養品的推廣策略為何？
3. 請討論「專科」保養品的關鍵成功因素為何？
4. 總結來説，從此個案中，你學到了什麼？

5-2 妮維雅：德國保養品牌的在地化行銷策略

1. 公司簡介

妮維雅（NIVEA）品牌在 1882 年創立於德國漢堡，致力開發、生產及銷售高品質的護膚品，該品牌行銷 100 多國。

130 多年來，該公司推崇「研究、創新、追求高品質」的經營哲學，使公司擁有堅實的基礎。該公司有一百多位博士正在研發自然、高效的產品，其成果已使「妮維雅」成為全球最大的護膚用品品牌。在歐洲，妮維雅已成為皮膚保養的代名詞。可靠與高品質已成為該品牌最重要的資產。[1]

2. 跨國品牌與臺灣消費者仍有距離

1985 年，妮維雅進入臺灣市場，但面臨不同海外市場，有不同的行銷方式。

妮維雅品牌：深度洞察消費者

德國品牌！

· 轉成臺灣在地化品牌！
· 深度洞察臺灣消費者的需求！
· 建立與消費者的關聯性！

參考來源：

1 此段資料來源，取材自維基百科網路。

Chapter **5**

美妝保養品類

如何用在地化的語言、策略與當地消費者溝通，就成為跨國品牌的首要課題。

例如：電視廣告片剛開始時，都要依照德國總部及亞洲區域總部的規範及政策來做；但其呈現方式、影片主角人物、語言等都與臺灣本地市場及消費者有段距離，無法深入臺灣消費者的內心深處與認同感，因此行銷效果有限。

此時，臺灣子公司就開始反省思考，如何落實在地化電視廣告片，以及如何強化德國品牌與消費者的關聯性及好感度。

3. 在地化深度洞察消費者，並找臺灣代言人

使用乳液，最大的目的就是保濕及潤澤，妮維雅有一款「深層修護乳液」，主打「3 倍吸收力」及「飽水反彈一整天」，站上身體保濕乳液銷售第一名；但仍持續思考，後來轉向強調「輕盈保濕新體驗」的行銷廣告訴求。並找來臺灣偶像劇藝人「邵雨薇」做代言人，電視廣告片也在臺灣製作，終於能更融入消費者心中，對妮維雅品牌的情感度也更加提升及黏著，市場反映及銷售也更好。

4. 持續傾聽消費者心聲，解決消費者問題的 7 點反思

妮維雅行銷團隊在臺灣行銷每樣產品時，總會不斷問自己及反思以下 7 點：
(1) 還有沒有更好的行銷訴求？
(2) 還有沒有更貼近消費者的內心？
(3) 還有沒有更好的溝通呈現方式？
(4) 還有沒有更凸顯妮維雅品牌的核心價值理念？
(5) 還有沒有真正解決顧客的問題與痛點？
(6) 還有沒有提供關心暖能量？
(7) 還有沒有認真傾聽消費者的聲音？

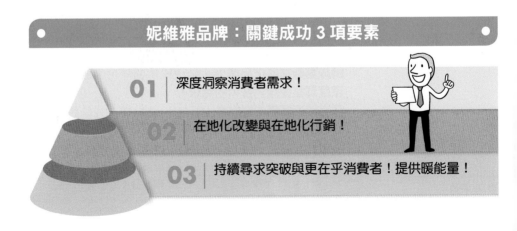

妮維雅品牌：關鍵成功 3 項要素

01 | 深度洞察消費者需求！

02 | 在地化改變與在地化行銷！

03 | 持續尋求突破與更在乎消費者！提供暖能量！

你今天學到什麼了？
──重要觀念提示──

1. 在地化行銷策略：
   大部分外來品牌，除了歐洲百年名牌精品外，都要落實在地化才會成功。
   因此，在地化代言人、在地化電視廣告片、在地化溝通方式、在地化訴求、
   在地化廣宣……，都是必要的！
2. 可靠與高品質：
   產品的可靠性、信賴度及高品質等，都成為品牌成功的重要資產，也是行
   銷人員努力的方向。

行 銷 關 鍵 字 學 習

1. 在地化行銷策略
2. 研究、創新、追求高品質
3. 一百多位博士級研發人員
4. 可靠與高品質已成為該品牌重要資產
5. 跨國品牌
6. 與當地消費者溝通
7. 得到臺灣消費者的認同感
8. 在地化電視廣告片
9. 建立對德國品牌的好感度
10. 在地化深度洞察消費者
11. 找在地臺灣代言人
12. 持續傾聽消費者心聲
13. 有沒有更好的行銷訴求
14. 有沒有更貼近消費者的內心
15. 在地化改變

問題研討

1. 請討論妮維雅品牌的公司簡介為何?
2. 請討論妮維雅品牌在臺灣如何做在地化行銷?
3. 請討論妮維雅臺灣行銷團隊在行銷每樣產品時,總會不斷地反思的 7 點內容為何?
4. 總結來說,從此個案中,你學到了什麼?

5-3 朵茉麗蔻：靠電話服務行銷，緊抓住 30 萬個客戶

1. 只靠主力 8 項產品，創造年營收 72 億元臺幣

朵茉麗蔻是日本再春館製藥所成立於 1974 年，四十多年來，它只專注於銷售卸妝、潔顏、保濕到修護等 8 項產品，就能創造年營收 72 億元臺幣。該公司的 slogan 名言是：「致力創造更好的產品品質，而非製造更多的商品。」該公司沒有在實體零售店面上架銷售，而僅僅是靠電話服務行銷的會員制度，目前全日本有 30 萬名固定使用會員，該公司在 2012 年進入臺灣市場。

朵茉麗蔻品牌的經營精神，認為：要達成永續經營，就不能只想著業績，而是要重視「用心服務」＋「提升商品力」2 項經營要訣，並且澈底解決客人對肌膚問題，才能長久維繫與會員的關係。

朵茉麗蔻是日本保養品牌市場的市占率第五名，比起資生堂、花王、高絲、SK-II 這些大品牌，朵茉麗蔻算是中小企業而已，其如今能有這番成績，算是卓然有成。朵茉麗蔻擁有老顧客口碑，創造高達九成的回購率，這是該品牌執行顧客滿意主義的最好結果。

朵茉麗蔻：成功三項要訣！

01 用心服務 ＋ **02** 提升商品力 ＋ **03** 澈底解決客人肌膚問題！

2. 500 名客服人員忙著接聽電話

在日本熊本市中心的 1300 坪開放式空間，這裡是朵茉麗蔻日本總部的客服中心，大約有 500 名客服小姐忙著接聽來自日本、臺灣及香港的詢問與訂購電話。在客服中心的廣場中央掛著當日業績目標與實績的自動數字，引起每位客服人員的責任感與使命感。

朵茉麗蔻是不上架銷售的，只靠一條電話線。因此，它採取一對一溫柔的與客人答詢，引起女性客人的購買意願是很重要的根本原則。

朵茉麗蔻的臺灣會員已達到 2.5 萬人之多，在客服中心有一區是專門接受來自臺灣詢問或訂購的客服人員。這裡講中文的客服人員已有 47 人之多，每年創下 4.5 億元臺幣營收額，顯見，朵茉麗蔻已成功經營臺灣市場，雖然營收額不是很大，但光靠著一支電話線的越洋電話溝通，就能成交業績，此就是朵茉麗蔻成功所在了。

朵茉麗蔻：靠電話行銷做生意

500 人客服電話
行銷人員

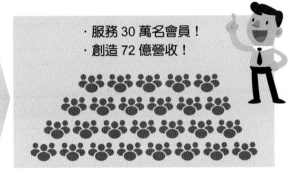

· 服務 30 萬名會員！
· 創造 72 億營收！

3. 朵茉麗蔻的行銷策略

朵茉麗蔻雖是靠電話行銷才能成交業績，此外，它仍有極成功的廣告宣傳策略及體驗行銷策略。以臺灣為例，最主要的行銷策略有 2 項：

(1) 體驗行銷：

提供臺灣顧客「免費的 3 日份試用組」，只要打一通免費電話到日本客服中心，臺灣有意願的消費者即可免費得到 3 日份試用組。此為藉由親身體驗的成效，以拉升使用後實際訂購的誘因。

(2) 強勢大量的電視廣告投入：

　　朵茉麗蔻每年至少花費 8000 萬元以上，大量且強勢的投入電視廣告播出。它的電視廣告內容都找來一線藝人（例如：苗可麗）或一般使用過後的素人，作為其代言人，經由她們的使用見證，強化此產品的可信賴性及證明性，說明肌膚使用後如何的改善。另外，此電視廣告亦附上日本熊本的免費電話號碼，可立即打電話詢問或訂購、索取試用組。

4. 結語

　　朵茉麗蔻的成功，可說是創新模式的成功，它不走一般上架陳列模式，而改用會員制及電話行銷模式，可說是與眾不同。它的成功亦給我們很大的啟示：「唯有創新，才能勝出」。

朵茉麗蔻：行銷成功四招

01 成立 500 人電話行銷團隊！

02 強大電視廣告證言式訴求！打造品牌力！

03 體驗行銷（免費 3 日份試用組）

04 電視廣告兼可打電話訂購，有電視購物效果！

你今天學到什麼了？
──重要觀念提示──

1. 創造高達九成回購率：
   高回購率是行銷人員操作行銷與打造品牌的終極目標之一，有了高回購率，每月營收業績就可以穩定，生意就可以好經營。所以，現代的行銷可說是爭奪回購率的行銷戰爭。

2. 親身體驗，拉升訂購業績：
   體驗行銷在現代行銷是重要的活動之一，透過眼睛看到、手摸到、產品用過，才會有體會，也才能提升購買誘因。

3. 證言式廣告：
   最近很多保健食品、化妝保養品都流行用藝人或專家、或素人做證言式廣告，以強化說服力及吸引力，確實有效。

行銷關鍵字學習

1. 電話服務行銷
2. 抓住 30 萬個客戶
3. 專注於 8 項產品
4. 用心服務＋提升商品力
5. 澈底為客人解決肌膚問題
6. 擁有老顧客口碑
7. 創造高達九成回購率
8. 執行顧客滿意主義
9. 500 名客服人員
10. 只靠一條電話線做生意
11. 免費 3 日試用組的體驗行銷
12. 親身體驗，拉升訂購誘因
13. 證言式廣告
14. 唯有創新，才能勝出

問題研討

1. 請討論朵茉麗蔻的年營收多少？會員人數多少？日本市占率多少？
2. 請討論朵茉麗蔻體驗行銷作法為何？
3. 請討論朵茉麗蔻經營成功 4 招為何？
4. 總結來說，從此個案中，你學到了什麼？

5-4 愛康：異軍突起的衛生棉後發品牌

1. 從團購網崛起的後發品牌

愛康衛生棉是創辦人何雪帆在大一時所創事業，創立於 2006 年，經過 3 年辛苦經營，於 2009 年轉虧為盈。愛康衛生棉當時的銷售通路只在團購網銷售，連續 6 年穩坐國內最大團購網「愛合購」的日用品類銷售冠軍。它是在團購平臺打開市場的社群品牌，也是靠社群媒體口碑而崛起的新興品牌。

後來，2017 年為了建立自己的銷售管道，開始展開官網改版，網友可以快速、便利的在自己電商網路上，下單、結帳及出貨。

2019 年，愛康榮獲蝦皮購物網最受歡迎美妝保養品及 86 小舖美妝產品銷售冠軍。

在實體通路也獲得屈臣氏及康是美衛生棉用品前五名，成績豐碩，2019 年營收超過 3 億元。目前國內主力的衛生棉大品牌有：蘇菲、好自在、靠得住、蕾妮亞等前四大知名大品牌。

2. 實體銷售據點

愛康雖然從團購網發跡，但網購通路的產值占比，仍比不上實體通路，因此，2012 年起，愛康就挾著社群網路上的好口碑，開拓上架到實體通路。到現在，愛康衛生棉已上架的銷售通路計有：

(1) 超市：全聯、頂好
(2) 便利商店：7-ELEVEN、全家、萊爾富
(3) 美妝店：屈臣氏、康是美、寶雅、美華泰
(4) 量販店：家樂福、大潤發

目前，實體銷售據點的銷售占整體營收的七成之高。

國內衛生棉市占率前四名

01 蘇菲	02 好自在	03 靠得住	04 蕾妮亞

愛康：全通路銷售

01 團購網銷售

02 官網銷售

03 電商銷售（蝦皮、Yahoo 奇摩、momo）

04 實體通路銷售（屈臣氏、康是美）

· 每年創造 2.8 億元營收額！

3. 8 項獨特賣點

根據愛康的公司官網顯示，該品牌計有下列 8 項獨家特色：[1]

(1) 棉柔表層（日本進口極輕棉）

(2) 舒適涼感（添加澳洲認證精油）

(3) 30 秒抑菌（30 秒瞬間抑菌 99%）

(4) 50 倍吸收力（採用日本進口吸收體，瞬間鎖水）

(5) 瞬吸不滲（吸收速度快，表面乾爽不回滲）

(6) 呼吸透氣（採用日本會呼吸的透氣底膜）

(7) 超薄無感（0.2 公分舒適輕薄）

(8) 無螢光劑（通過 SGS 檢測標準）

另外，愛康衛生棉現在有 5 種類型：護墊型、量少型、日用型、夜用型、夜用加長型等。

4. 從研發到生產自己來

愛康採用最高規格生產設備及自動化科技，通過 SGS 專業檢測與品質認證，確保高品質衛生棉；並且有一個十多人的研發團隊，從不斷實驗中，尋求打造出更升級、更好用、更符合顧客需求的衛生棉。

參考來源：

1 此段資料來源，取材自愛康公司官網。

5. 用心於客服

　　愛康在新竹竹北總部有 5 位線上客服人員，每天都在線上回應顧客問題。一天有 50-200 則訊息，全部都是一對一回應，不會用複製貼上，全都是客製化回應，以感動線上粉絲及網友，並增強會員黏著度。

6. 拓展東南亞市場

　　2017 年，愛康開始拓展東南亞市場，透過各國代理商賣到新加坡及馬來西亞。2019 年賣到越南市場，全力拓展東南亞市場，以維持持續成長業績態勢。

　　愛康這個純臺灣本土微品牌，以後發品牌之劣勢，向衛生棉國際各大品牌挑戰，應是一個值得借鏡的成功案例。

愛康：崛起勝出六大要素

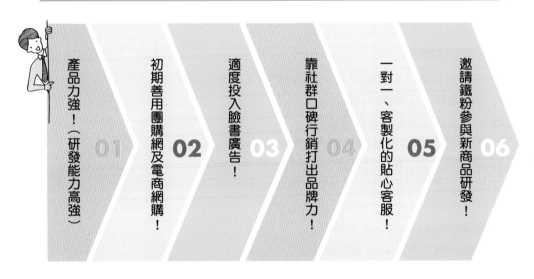

産品力強！（研發能力高強）　**01**

初期善用團購網及電商網購！　**02**

適度投入臉書廣告！　**03**

靠社群口碑行銷打出品牌力！　**04**

一對一、客製化的貼心客服！　**05**

邀請鐵粉參與新商品研發！　**06**

你今天學到什麼了？
——重要觀念提示——

1. 全通路銷售：
　　在通路上架策略方面，為帶給消費者方便性及便利性，一定要在實體通路及網購電商通路兩者並進，同時力求上架陳列銷售。

2. 獨特銷售賣點：

任何產品一定要有一些 U.S.P（Unique Sales Point）（獨特銷售賣點），
才能在消費者心目中留下深刻印象，產品也才能勝出。

行 銷 關 鍵 字 學 習

1. 後發品牌
2. 團購網銷售
3. 社群品牌
4. 社群媒體口碑
5. 新興品牌
6. 實體銷售據點
7. 全通路銷售
8. 獨特賣點
9. 研發團隊
10. 更好用、更升級的產品
11. 用心於客服
12. 拓展東南亞市場
13. 一對一客製化客服
14. 邀請鐵粉參加新商品研發

問題研討

1. 請討論愛康的發展歷程為何？
2. 請討論愛康衛生棉崛起勝出的六大要素為何？
3. 請討論愛康衛生棉有哪些實體零售通路？賣的如何？
4. 請討論愛康衛生棉的 8 項獨特銷售賣點為何？
5. 總結來說，從此個案中，你學到了什麼？

5-5 森田藥妝：面膜市場的領導品牌

1. 公司概況與發展

森田藥妝在 1991 年時，係由彰化百貨批發公司轉型為代理日本保養品及清潔用品公司。於 2001 年時，發現日本面膜市場正在崛起，因此，開始逐步投入研發臺灣製作的面膜，但由日本進口原料到臺灣工廠，經過深入的研發及配方改良及生產，首推膠原蛋白面膜，由於品質優良，效果良好，價格也親民平實，因此受到消費者的喜歡及口碑相傳，森田藥妝的面膜就漸漸崛起熱賣。

森田面膜的行銷理念，就是秉持著安心、有效、高品質及合理價格的精神，每年都持續研發多款新成分的新產品，以「森田藥妝」自有品牌，在臺灣、中國、日本及東南亞十多個國家的面膜市場暢銷。

2. 成功上架日本藥妝店

「森田藥妝」面膜，2019 年已經成功攻入日本一級戰區，搶進在日本第二大藥妝連鎖店松本清的架位上上架陳列。在架位上，來自臺灣的品牌，只有「森田藥妝」一家而已，這是相當難能可貴的成果。在陳列架上的都是日本一流品牌的面膜，例如：資生堂、高絲及韓國來的，競爭相當激烈。對面膜市場而言，日本女性消費者是非常嚴謹的，不只要品質好、價格更要親民及物超所值等條件。

「森田藥妝」面膜可以上架到日本一流藥妝店，算是通過了他們嚴格的篩選、評比及考驗的過程。

3. 榮獲世界評鑑大賞

2017 年及 2018 年連續 2 年，森田藥妝以 Dr. Morita 玻尿酸複合精華液面膜，榮獲「歐洲 Monde Selection 世界品質評鑑大賞」的得獎肯定。這一款面膜，是以臺灣為研發中心，使用日本進口玻尿酸原料，具有高度保濕效果，能美白肌膚，且能抗老化，深受市場好感。

4. 國際化品質管理

森田藥妝面膜在日本及臺灣擁有雙研發中心，彼此可以交流兩國最新的面膜成分及技術，帶動兩國更快的進步與發展，這也是森田藥妝的重要優勢之一。

此外，森田藥妝面膜從研發、原料採購、製造生產、物流配送，到銷售通路

上架等，都貫徹國際化嚴格品質管理標準，務求每一片面膜都要做到最好的狀況，以及追求顧客更好的體驗效果，而最終顧客的忠誠度及回購率都能不斷提升。

總之，森田藥妝面膜強調以最好的研發配方、最高等級的原料、最佳的製造設備及最嚴格的品質制度，而產出最優良、最佳品質的面膜出來。

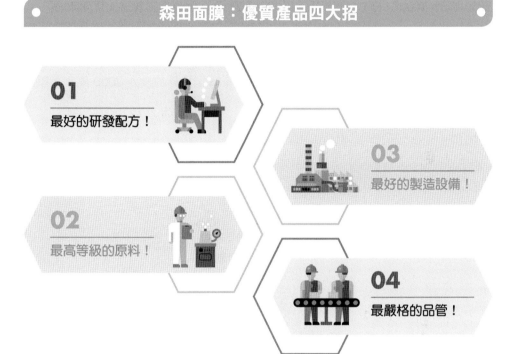

森田面膜：優質產品四大招

01 最好的研發配方！

02 最高等級的原料！

03 最好的製造設備！

04 最嚴格的品管！

5. 中等價位策略

臺灣地區森田藥妝面膜，每片依照不同等級的成分，其平均每片零售定價在 39-69 元之間，居於中等價位策略。主攻臺灣地區年輕女性上班族，年齡在 25-39 歲之間。

6. 銷售通路策略

臺灣地區的森田藥妝面膜，其銷售通路，主要有 4 種型態：

一是藥妝、美妝連鎖店：

包括屈臣氏 500 店、康是美 400 店及寶雅 150 店，合計 1000 多店的據點，其銷售占比最多，達 50% 一半之多。

二是連鎖藥局：

包括杏一、大樹、丁丁、維康等據點，其銷售占比為 20%。

三是量販店美妝區：

主要為家樂福，其銷售占比為 10%。

四是網購：

包括 momo、蝦皮、Yahoo 奇摩、PChome、樂天等，其銷售占比為 20%。

7. 推廣行銷策略

森田藥妝面膜在臺灣地區的品牌推廣行銷策略，主要有下列 5 種：

一是電視廣告投放及電視節目冠名贊助；每年預算約投入 2000 萬元，以打造更高的品牌知名度及好感度。

二是配合各種賣場的促銷活動，以拉升業績。

森田藥妝：推廣行銷策略

01 電視廣告投放及冠名贊助！

02 配合賣場促銷活動！

03 財經媒體專訪報導！

04 歐洲品質評鑑得獎宣傳！

05 網紅口碑推薦！

三是財經媒體的專訪報導，以凸顯優良品牌形象。

四是歐洲面膜品質評鑑得獎的宣傳。

五是借助網紅口碑推薦，以帶動品牌的信賴度及黏著度。

8. 關鍵成功因素

總結來說，「森田藥妝」面膜品牌，能夠在國內激烈競爭的面膜市場中，取得領先地位，其成功關鍵因素，計有下列 5 項：

(1) 投入研發與產品品質佳。

(2) 行銷做得好，已打出高的品牌知名度及印象度。

(3) 價位平實，消費者買得起。

(4) 通路陳列密集，購買方便。

(5) 內外銷均做，拉高業績，漸漸成為亞洲知名品牌。

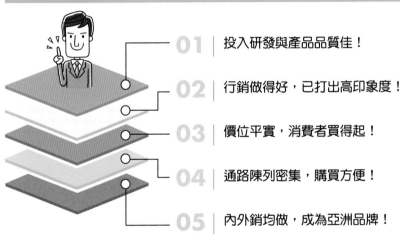

森田藥妝面膜：五項成功因素

01 | 投入研發與產品品質佳！

02 | 行銷做得好，已打出高印象度！

03 | 價位平實，消費者買得起！

04 | 通路陳列密集，購買方便！

05 | 內外銷均做，成為亞洲品牌！

你今天學到什麼了？
—— 重要觀念提示 ——

1. 成功上架日本一流藥妝店：

森田面膜能夠上架到日本一流藥妝店銷售，顯示出森田面膜的品質及口碑已受到日本藥妝店的肯定。此舉有助於它在日本市場的業務推展，也是值得宣傳事宜。

2. 網紅口碑推薦：

現在透過知名網紅在影音平臺上的宣傳及推薦，可以用小成本得到一定的宣傳效果，是社群媒體行銷操作的有效方法之一。

行銷關鍵字學習

1. 親民價格
2. 高品質、合理價格
3. 每年研發多款新面膜
4. 成功上架日本一流藥妝店
5. 物超所值感
6. 榮獲世界面膜評鑑大賞
7. 使用日本進口高級原料
8. 深受市場好評
9. 國際化品質管理
10. 雙研發中心
11. 最好的研發配方
12. 網紅口碑推薦
13. 媒體專訪報導
14. 得獎宣傳

問題研討

1. 請討論森田藥妝的公司概況？
2. 請討論森田藥妝上架日本藥妝店及在國際獲獎的狀況？
3. 請討論森田藥妝的銷售通路為何？
4. 請討論森田藥妝的推廣行銷策略有哪些？
5. 請討論森田藥妝的關鍵成功因素為何？
6. 總結來說，從此個案中，你學到了什麼？

5-6 花王 Biore：國內平價保養品第一品牌的行銷策略

「花王 Biore」是國內開架式保養品的第一品牌，領先露得清、專科、肌研、歐蕾、曼秀雷敦、高絲、DR. WU 等諸多品牌。國內百貨公司專櫃及藥妝店開架式保養品的一年產值超過 1000 億元以上，是很大的市場。

1. 產品策略

日本花王集團自 1887 年創業至今已有 130 多年歷史，日本花王的經營理念，就是經由創造革新性的技術，實現消費者與顧客的滿足，並帶給他們更豐富與更美好的人生[1]。

根據臺灣花王的官方網站，顯示花王 Biore 品牌的產品品項大致有以下 9 項[2]：

(1) 洗面乳（深層、抗痘）

(2) 卸妝油、卸妝乳

(3) 防曬乳

(4) 妙鼻貼

(5) 潔顏濕巾

(6) 沐浴乳

(7) 洗手乳

(8) 濕紙巾

(9) 排汗爽身乳

花王 Biore 品牌的保養品系列，可以說非常多元、齊全、完整，對保養品來說具有一站購足的效果，因此，足以滿足消費者的需求。

參考來源：

1 本段資料來源，取自臺灣花王官網，並經大幅改寫而成。（www.kao.com.tw）

2 本段資料來源，取自臺灣花王官網，並經大幅改寫而成。（www.kao.com.tw）

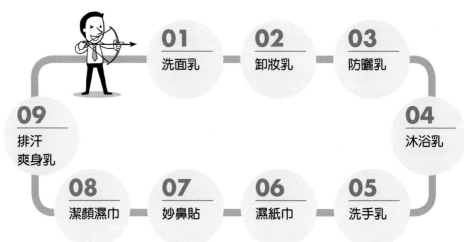

花王 Biore 9 種產品系列

- 01 洗面乳
- 02 卸妝乳
- 03 防曬乳
- 04 沐浴乳
- 05 洗手乳
- 06 濕紙巾
- 07 妙鼻貼
- 08 潔顏濕巾
- 09 排汗爽身乳

2. 定價策略

　　根據作者本人親自在屈臣氏觀察的結果，花王 Biore 的每條產品定價，大約在 150-350 元之間，可以說非常平價，很適合上班族女性消費者的需求，也算是有很高的 CP 值。相對於百貨公司專櫃品牌平均價 1000-3000 元的保養品，差價是很大的。

3. 通路策略

　　花王 Biore 保養品的銷售通路，主要有以下 4 種：

(1) 連鎖藥妝店、生活美妝店：

　　　　例如：屈臣氏（500 店）、康是美（400 店）、寶雅（150 店）等，占 30% 銷售量。

(2) 超市：

　　　　例如：全聯（1000 店）、頂好（260 店）等，占 30% 銷售量。

(3) 量販店：

　　　　例如：家樂福、大潤發、愛買等，占 10% 銷售量。

(4) 便利商店：

　　　　例如：統一超商、全家、萊爾福、OK 等，占 20% 銷售量。

(5) 此外，還有網購通路，例如：momo、蝦皮、PChome、Yahoo 奇摩等，占 10%。

01 連鎖藥妝店、生活美妝店（第一大通路）

02 超市（全聯第二大通路）

03 量販店美妝專區（第三大通路）

04 便利商店（7-ELEVEN）

05 網購通路（momo、蝦皮、Yahoo 奇摩、PChome）

4. 推廣策略

　　花王 Biore 品牌的推廣策略，主要有以下幾種：

(1) 代言人：

　　　　過去以來，花王 Biore 保養品採用的代言人，包括林依晨、楊丞琳、侯佩岑、彭于晏、孟耿如、周渝民、陳意涵、周湯豪及日本女性藝人等，這些都是一線 A 咖的高知名度且形象良好的藝人，足可為花王 Biore 帶來好的品牌印象及高知名度。

(2) 電視廣告：

　　　　花王 Biore 品牌投放在電視廣告的預算金額，每年大約有 6000 萬元之多，其所產生的曝光率及聲量是非常足夠的。

(3) 網路、社群、行動廣告：

　　　　對新媒體的投放，每年至少也在 2000 萬元以上，例如：FB、IG、YouTube、LINE、Google、新聞網站、美妝網站、Yahoo 奇摩入口網站等，也都有投放廣告。

Chapter **5**

美妝保養品類

145

(4) 品牌概念店：

　　花王 Biore 在臺北市設立一家品牌概念店，足以彰顯品牌的氣度及影響力。

(5) 體驗行銷：

　　花王 Biore 曾與屈臣氏合辦店內使用的體驗行銷活動，以吸引更多潛在消費者。

(6) 此外，在公車廣告、影城廣告、捷運廣告等輔助媒體上，也會看到花王 Biore 的品牌印象。

花王 Biore 的推廣方式

01	02	03	04	05	06	07	08
代言人	電視廣告	網路、社群廣告	品牌概念店	體驗活動	公車廣告	捷運廣告	影城廣告

5. 關鍵成功因素

　　花王 Biore 在十多個保養品牌競爭中能夠脫穎而出，長期以來，長保第一品牌的領導地位，主要有下列 7 項關鍵成功要素，說明如下：

(1) 平價、親民價格：

　　花王 Biore 在開架式保養品中，以非常平價、親民價格，深受年輕上班族群的高度喜愛及歡迎，實屬大眾化產品，此為關鍵成功要素。

(2) 品質不錯，效果好：

　　如果只是平價，但產品力不夠的話，產品也不能夠長銷。因此，花王 Biore 產品具有不錯的品質與良好保養皮膚效果的產品力，這是它能長銷的基本支柱。花王集團在此方面的研發，算是成功的。

(3) 通路普及，方便購買：

　　花王 Biore 是第一品牌，因此在各大型連鎖通路中，都能順利上架，而且都享有很好的陳列位置及足夠陳列空間。此種通路普及密布，對消費者自

是十分方便購買的。

(4) 產品線多元、齊全、一站購足：

　　花王 Biore 有相當多元、齊全、完整的產品系列，具有一站購足的方便性。

(5) 在地化成功：

　　花王 Biore 雖然是日本品牌，但是它在成分內容、功效功能等方面，都能因應臺灣地區的氣候及消費者膚質狀況而能機動調整與研發創新，在行銷方面也改為在地行銷，因此，在地化是相當成功的。

(6) 滿足顧客需求，不斷求進步：

　　花王 Biore 的基本經營理念，就是一切從顧客的觀點及需求，思考如何加以充分的滿足其需求，而不斷追求更進步、更創新、更有效果的產品力。

(7) 行銷宣傳成功：

　　花王在日本就是一家很會行銷的公司，不論是花王品牌或是 Biore 品牌，在日本及在臺灣都是宣傳得具有很好企業形象與品牌好印象，此可說明花王是這方面的行銷高手。因此，好的產品力＋好的行銷力＝好的業績力。

臺灣花王 Biore：七項關鍵成功因素

01 ｜ 平價、親民價格！

02 ｜ 品質不錯、效果好！

03 ｜ 通路普及、方便購買！

04 ｜ 產品線多元化、齊全化！

05 ｜ 在地化成功！

06 ｜ 滿足顧客需求，不斷求進步！

07 ｜ 行銷宣傳成功！

你今天學到什麼了？
—— 重要觀念提示 ——

1. 好產品力＋好行銷力＝好業績力
產品如果優質，再加上好的行銷宣傳包裝，就能創造出好的業績力出來。
所以，產品很重要，行銷包裝也很重要，兩者並進，就會成功。

2. 實現消費者滿足：
行銷人員每天都必須思考，如何帶給消費者更大的滿足與滿意，如何從行銷各方面努力、創新與技術突破，帶給消費者更美好的生活。

行銷關鍵字學習

1. 創造革命性的技術
2. 實現消費者的滿足
3. 帶給消費者更美好人生
4. 一站購足的產品系列
5. 能滿足消費者需求
6. 非常平價、平價策略
7. 高 CP 值、高 CV 值
8. 連鎖藥妝、美妝通路
9. 超市通路
10. 便利商店通路
11. 網購通路
12. 代言人行銷
13. 代言人為品牌帶來好印象
14. 電視廣告播放
15. 品牌概念店
16. 戶外廣告（OOH）
17. 通路普及、方便購買
18. 好產品力＋好行銷力＝好業績力

問題研討

1. 請討論花王 Biore 的產品策略及定價策略為何？
2. 請討論花王 Biore 的通路策略為何？
3. 請討論花王 Biore 的推廣策略為何？
4. 請討論花王 Biore 第一品牌的關鍵成功因素為何？
5. 總結來說，從此個案中，你學到了什麼？

5-7 台鉅：從彩妝代工到自有品牌之路

1. 公司簡介

根據台鉅公司的官網顯示：[1]「台鉅公司創立於 1982 年，於臺灣臺南市仁德區投資設廠，至今已有 30 多年歷史。該公司的生產技術一直不斷成長進步，引進國際知名品牌的科技，朝向專業化、科技化、藝術目標提升。公司總部有 100 位員工，世界員工有 4000 人；公司擁有 3 個研發實驗室、3 個產品設計部門，4 個專業工廠設於中國福建省福州市，擁有 ISO 2000 及 GMP 認證，現在是中國最大化妝品的進出口廠商。」

「台鉅公司提供完整的化妝品產業服務，包括：(1) 化妝品、(2) 產品包裝、(3) 化妝品容器、(4) 化妝刷具、(5) 產品設計。」

「台鉅公司的主力自有品牌為 CITY COLOR，它行銷於歐美及全球五大洲，全球分布超過三十多國，是一個富有城市美學的時尚彩妝品牌。」

2. 做自有品牌，先賠五年

台鉅公司 2019 年營收額 14 億元，其中 35% 來自自有品牌，成為國內彩妝代工廠轉型到自有品牌的成功典範。但是，在 2007 年到 2012 年的 5 年期間，台鉅公司卻連賠 5 年，賠掉 1500 萬元，這是繳交學費的結果。

3. 拓展自有品牌三步驟

台鉅公司拓展自有品牌，歷經 3 個過程步驟，說明如下：

(1) 建立全員共識：

2012 年剛開始時，該公司花了二、三百萬元，請外部顧問先上品牌課，並提出輔導建議報告，教導公司如何打造海外市場品牌。此外，也幫公司全體員工教育訓練及洗腦，建立員工要開始做自有品牌的共識與 SOP 制度規章，以期大家均朝向 OEM 轉型到打造自有品牌目標前進。

(2) 找出產品差異化：

台鉅公司後來了解到產品好，只是基本的，最重要的是要了解美國市場的消費者及貼近美國彩妝市場的趨勢，以及盡可能要接地氣，更要找出產品

參考來源：

1 此段資料來源，取材自台鉅公司官網。（www.tairjiuhgroup.com）

可以差異化的地方。

　　台鉅公司的具體作法有 2 個：

　　一是開始聘用美國在地的產品設計師，重新打造符合美國當地需求的彩妝產品。

　　二是開始了解美國第一線通路商與經銷商的意見調查，例如：美國消費者膚色多元，但更喜歡凸顯個人特色。

　　台鉅公司首先選定品牌名稱為 CITY COLOR（城市彩妝），而在品牌訴求方面，則以多色彩、平價時尚、大膽等 3 項訴求為主軸。

　　而在售價方面，則以主力競爭品牌的五～八折為主。

　　最終，以選擇多、價格平價親民、開架式選購等，以提升美國當地消費者的消費選擇欲望。

(3) 提高行銷費用：

　　台鉅公司為強力打造自有品牌 CITY COLOR 的品牌知名度及印象度，決定大幅投入行銷費用，從過去占營收 5%，拉升到占 10%，以備有更多子彈打品牌戰。

　　台鉅把 8 至 9 種不同部位打亮的顏色放在同一個彩妝盤裡，然後平價銷售，獲得美國擁有 250 萬粉絲的部落客在 YouTube 頻道推薦，終於打開知名度，也成為熱賣商品。

　　台鉅的行銷費用主要用於網紅、部落客、社群媒體廣告及口碑行銷之用，效果不錯。

台鉅：自有品牌三步驟

01
請外部顧問上課，集體員工洗腦！

02
了解美國市場及顧客，並且找出產品差異化！

03
拉高行銷費用，運用美妝部落客推薦！

4. 策略的取捨

台鉅做自有品牌之後，使得原先 OEM 代工量，從 12 億元下滑到 8 億元，但公司高階主管認為這一切都是策略上的取捨（trade-off）。代工賺取的是微薄的製造利潤，但自有品牌賺取的是較高的行銷利潤，企業終究必須走上自有品牌之路，不必在意短期的營收減少，必須放長眼光來看待公司的永續經營。

台鉅：一切都是取捨

01 OEM 委託代工製造！

02 ODM 委託設計代工！

03 OBM 推出自有品牌！

5. 結語

目前，台鉅只是踏出自有品牌的第一步，未來各方挑戰仍多，必須更加務實與努力的往前。

你今天學到什麼了？
──重要觀念提示──

1. 找出產品差異化：

   行銷要勝出，一定要找出產品差異化的地方，才能突出及有所廣告訴求。產品如果跟別人一樣，最後可能會陷入低價格戰，減少獲利。

2. 部落客、網紅推薦：

   一些中小企業不太知名的品牌，沒有大預算做電視廣告，那就只有從社群行銷著手。例如：可找知名的各領域部落客或網紅，在 FB、IG、YouTube 等上面，宣傳自家的品牌，亦可慢慢打開知名度。

行銷關鍵字學習

1. 生產技術一直不斷成長、進步
2. 三個研發實驗室
3. 自有品牌
4. 做自有品牌，先賠 5 年
5. 建立全員共識
6. 從 OEM 轉型到自有品牌
7. 找出產品差異化
8. 貼近美國彩妝市場的趨勢
9. 盡可能接地氣
10. 美國第一線經銷商及通路商的意見調查
11. 提高行銷費用
12. 部落客推薦
13. 社群口碑行銷
14. 策略的取捨
15. 放長眼光

問題研討

1. 請討論台鉅公司的簡介內容為何？
2. 請討論台鉅公司開拓自有品牌的三步驟為何？
3. 請討論台鉅公司的策略取捨如何？
4. 總結來說，從此個案中，你學到了什麼？

美妝保養品類

5-8 蘇菲衛生棉：保持第一品牌的行銷祕訣

1. 位居第一品牌

　　蘇菲衛生棉是由日本嬌聯公司所生產，在臺灣成立子公司，負責產銷一體。根據市調顯示，蘇菲是國內衛生棉的第一品牌。國內五大品牌，依序為：(1) 蘇菲、(2) 康乃馨、(3) 靠得住、(4) 好自在、(5) 蕾妮亞等。

國內衛生棉五大品牌

01 蘇菲
02 康乃馨
03 靠得住
04 好自在
05 蕾妮亞

2. 產品策略

　　來台 30 多年的蘇菲品牌，其旗下的產品系列，非常完整齊全，包括日用型、夜用型、量少型、加長型、抑菌型等非常多元化。

　　主要系列包括：

(1) 彈力貼身
(2) 極淨肌
(3) 超熟睡
(4) 清新涼感

(5) 天然草本

(6) 肌的呼吸

　　蘇菲的強大產品力，都是由日本總公司研發部門，透過長時間的消費者市場調查、了解消費者的需求及想要的，再經過研發改良及不斷升級，才能正式生產與銷售。

　　蘇菲是非常站在消費者角度去思考、洞察消費者內心的真正需求與期待，真正做到行銷導向及消費者導向。

3. 價格策略

　　蘇菲衛生棉的定價策略，是以中等價位為主的策略。目前五大品牌的定價策略，大致可區分為三大類型：

(1) 高價位策略：靠得住

(2) 中價位策略：蘇菲、好自在、蕾妮亞

(3) 低價位策略：康乃馨

　　靠得住採取高價位策略，主要是其目標客群比較偏向 40 歲以上的熟女族群，而蕾妮亞最便宜，主要是其目標客群比較偏向學生族群及 20-30 歲的小資女族群。而蘇菲的目標客群以 25-39 歲的年輕上班族群為主力。

4. 通路策略

　　蘇菲衛生棉的銷售通路主要有 5 種通路，分別為：

(1) 美妝、藥妝連鎖店：包括屈臣氏、康是美、寶雅等三大連鎖店；其營收占比達 30%，是最主要通路。

(2) 超商連鎖店：包括統一超商、全家、萊爾富、OK 等，營收占比為 20%，是次要通路。

(3) 超市連鎖店：包括全聯、頂好、美廉社等，營收占比為 20%。

(4) 量販連鎖店：包括家樂福、大潤發、愛買等，營收占比為 15%。

(5) 網購：包括 momo、PChome、Yahoo 奇摩、蝦皮、生活市集等，占比亦為 15%。

　　蘇菲由於是第一品牌，因此在各大零售通路的上架問題、陳列空間及陳列位置等，大致都沒有問題，均能爭取到最佳的黃金陳列位置，有助消費者自行取拿。另外，蘇菲是透過全臺各縣市的經銷商運送及鋪貨到各個零售據點去，也給經銷商不錯的中間商利潤，以激勵他們多賣蘇菲品牌。

5. 推廣策略

　　蘇菲品牌的主要推廣策略，仍鎖定在代言人行銷及媒體廣告播放 2 種操作方

式上。

在代言人方面，蘇菲近幾年來，找到林依晨及曾之喬兩位為廣告片代言人，代言成效都不錯。另外，在電視廣告、網路廣告、社群廣告及行動廣告，每年都投入約 4000 萬元預算，以維繫品牌的曝光聲量。蘇菲在廣告訴求上，都以為消費者帶來「超安心」、「超熟睡」、「超貼身」等為主力訴求特色，帶給女性感動，打造對蘇菲品牌的好感度及忠誠度。

6. 關鍵成功因素

蘇菲能在五大品牌的激烈競爭中勝出，主要有四大因素：

(1) 產品力強，日本技術支援：

蘇菲有來自日本總公司強大研發部門的技術支援，能夠研發出吸水性、舒適性效果均佳的好衛生棉出來，這是品牌力的根本。

(2) 價位合理：

蘇菲雖是日本品牌形象，但卻是中等價位，符合一般上班族女性的所得水準，價位合理是大家可接受的一大因素。所謂「物美價廉」即是此意。

(3) 通路密布：

蘇菲經營 30 多年，與很多大零售通路都有良好關係，上架也無問題，形成通路密布，方便消費者隨處均買得到。

蘇菲：市占率第一名的三大要素

01 強力商品，滿足消費者需求！

02 決勝店頭，業務力帶動品牌力！

03 一致性溝通，打造整體品牌形象！

(4) 代言人成功：

　　蘇菲代言人林依晨及曾之喬的親和力，使廣告片播放能夠吸引消費者目光，為品牌力打造加分。

你今天學到什麼了？
—— 重要觀念提示 ——

1. 長時間消費者市調：

   當要做某些行銷決策時，對某些問題仍有疑問時，就必須委外或自己做些消費者市調，包括焦點座談會、臉書意見蒐集、網路問卷調查、會員電話調查等各種方式，以求得科學化數據比例資料，或是質化內在意見。

2. 爭取最佳陳列位置及空間：

   上架通路據點，一定要與零售商討論，爭取到最好的商品陳列位置及空間，以吸引消費者目光，增加銷售業績。

行銷關鍵字學習

1. 國內衛生棉五大品牌
2. 產品系列非常完整齊全
3. 日本總公司研發部門
4. 經過長時間的消費者市場調查及了解
5. 研發改良及不斷升級
6. 洞察消費者內心的需求及期待
7. 真正做到顧客導向
8. TA（目標消費族群）
9. 年輕小資女客群
10. 爭取最佳的陳列位置及最大的陳列空間
11. 代言人策略
12. 物美價廉
13. 通路密布
14. 傳播溝通

問題研討

1. 請討論蘇菲的產品策略及定價策略為何？
2. 請討論蘇菲的通路策略及推廣策略為何？
3. 請討論蘇菲的關鍵成功因素為何？
4. 總結來說，從此個案中，你學到了什麼？

1. 衛生紙第一品牌

國內一年家用紙市場的規模達 100 億元之多，其中的前四大品牌，依序為 (1) 舒潔（25%）、(2) 五月花（10%）、(3) 春風（10%）、(4) 得意（8%）。此外，還有其他諸多品牌，包括柔情、可麗舒、可立雅、朵舒、百吉、蒲公英、倍雅潔、家樂福、頂好、柔芙等至少 12 種以上，品牌競爭非常激烈。舒潔衛生紙已有 40 多年歷史。

衛生紙競爭品牌多

01 舒潔	02 五月花	03 春風	04 得意	05 倍雅潔	06 可麗舒
07 可立雅	08 朵舒	09 蒲公英	10 百吉	11 頂好	12 家樂福

2. 產品策略與定價策略

舒潔家用紙的產品系列，非常完整齊全，包括抽取式衛生紙、平版式衛生紙、捲筒式衛生紙、面紙、紙餐巾等型態。就成分而言，包括棉柔舒適、蘆薈特級、棉花、濕式、洋甘菊、絲柔乳液⋯⋯。

舒潔家用紙一向有高品質的要求保證，希望帶給使用者具有一種舒服感及潔淨感。而在定價方面，舒潔的零售價比其他一般品牌貴約 10-20% 之間。但是，由於家用紙也是日常必需品，因此，即使貴一些，但因其售價不是很高，消費者購買時感受不太出來。

3. 定位與目標消費族群（TA）

舒潔長期以來，一直定位在高品質的衛生紙與中高價位的優質衛生紙。其鎖定的 TA（target audience，目標消費族群），即是中高所得、中高學歷的家庭主婦及成員，亦即對高品質家用紙比較重視的消費族群。

4. 通路策略

舒潔家用紙的銷售管道，主要鋪貨在下列五大通路：

(1) 超市：以全聯 1000 店、頂好 260 家店為主力，占年營收比重的 30%。

(2) 量販店：以家樂福 120 店、大潤發 25 店、愛買 15 店、好市多 13 店為主力，占年營收比重的 20%。

(3) 網購：以 momo、PChome、Yahoo 奇摩、蝦皮、生活市集、東森購物網等為主力，占年營收比重的 20%。

(4) 藥妝連鎖店：以屈臣氏 500 店及康是美 400 店、寶雅 150 店為主力，占年營收比重的 15%。

(5) 便利商店：以統一超商 5600 店為主力，占年營收比重的 15%。

5. 推廣策略

舒潔家用紙的推廣宣傳策略如下：

(1) 電視廣告、網路及社群廣告：

舒潔每年投入 4000 萬元在電視、網路、社群及行動廣告上，保持品牌露出的聲量，以維繫品牌印象及品牌忠誠度於不墜。

(2) 賣場促銷：

舒潔家用紙常配合連鎖賣場進行各種節慶促銷優惠活動，以吸引買氣，提升業績。

(3) 與迪士尼肖像授權合作：

舒潔亦曾與迪士尼肖像授權合作，希望將迪士尼的肖像印在紙盒上，吸引愛好者前來選購。

6. 關鍵成功因素

總結來說，舒潔能夠在長期間，始終位居家用紙第一品牌的領先地位，其關鍵成功因素有下列 7 點：

(1) 早入市場、先發品牌、印象鞏固。

(2) 高品質定位明確。

(3) 持續創新研發。

(4) 品牌能避免老化。

(5) 多年來，已養成一群忠誠的愛好使用者，也是品牌的忠誠者。

(6) 通路上架普及，到處方便買得到。

(7) 行銷宣傳做得好，使品牌形象一直保持在良好水準。

舒潔：7 項關鍵成功因素

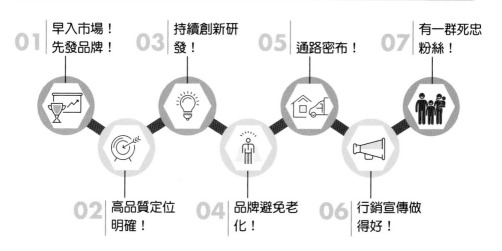

01 早入市場！
先發品牌！

03 持續創新研發！

05 通路密布！

07 有一群死忠粉絲！

02 高品質定位明確！

04 品牌避免老化！

06 行銷宣傳做得好！

你今天學到什麼了？
── 重要觀念提示 ──

1. 高品質衛生紙定位明確：
舒潔衛生紙數十年來一直以高品質衛生紙的明確定位自居，形塑出優質產品印象，終能一直保持業界的領導品牌，值得學習。

行 銷 關 鍵 字 學 習

1. 衛生紙市場規模達 100 億元
2. 品牌競爭非常激烈
3. 產品系列非常完整齊全
4. 對高品質的要求保證
5. 定位在高檔衛生紙
6. 五大零售通路
7. 與迪士尼授權合作
8. 高品質衛生紙定位明確
9. 持續創新研發
10. 品牌的忠誠者
11. 品牌形象良好

問題研討

1. 請討論國內一年家用衛生紙市場規模有多大？舒潔品牌市占率多少？
2. 請討論舒潔的產品策略及定價策略為何？
3. 請討論舒潔的通路策略及推廣策略為何？
4. 請討論舒潔的 7 項關鍵成功因素為何？
5. 總結來說，從此個案中，你學到了什麼？

Chapter **6**

電器機械類

6-1 從 TESCOM 到 Dyson 突破成熟市場的行銷策略

1. 2 支品牌,成功打入臺灣成熟的吹風機家電市場

來自日本專業沙龍吹風機的 TESCOM 家電品牌,近幾年來,在臺灣每年銷售量都呈現二位數成長,使臺灣成為日本 TESCOM 品牌在海外的最大市場。

同樣的,來自英國 Dyson 品牌,也搶進臺灣吹風機市場,一支售價一萬多元的吹風機,如此高端的定價仍受到臺灣歡迎,市場賣得很好。

臺灣一年銷售 90 萬支吹風機,過去銷售主力品牌為國際牌及達新牌,但多年來市場未見成長,已達非常成熟階段。如今被日本、英國這兩支新品牌瓜分掉不少市場,引起既有品牌極大震撼。

2. Dyson 技術突破、創新

Dyson 不只吹風機賣得好,吸塵器也賣得更好。一支一、二萬元的吸塵器以自家研發的高效能馬達,發展出具高度吸力的吸塵器。

Dyson 經常外派工程師到海外第一線市場面對消費者,了解使用者的真正需求,它不太打大量廣告,僅靠口碑行銷就成功打開市場。

國內大貿易商恆隆行代理 Dyson 產品 10 多年,已累積銷售超過 100 萬件之多。Dyson 系列產品的營收額,已占恆隆行貿易公司全年營收的 60% 之高。

根據 Dyson 臺灣官網表示:「今日,Dyson 的產品在全球超過 65 個國家銷售,Dyson 目前為擁有一千多個工程師的國際科技公司,但是公司並未停止腳步,工程師及科學家一直在擴張,全力發揮更多創意,做出更多發明。」[1]

Dyson 在全球擁有 3000 個專利及 500 項發明登記,該公司創辦人 James Dyson 表示:「我們身為設計工程師,其實和很多人一樣,經常對不好用的產品感到失望。因此,全心全意創新及不斷改良,努力解決這些日常生活中的問題。」[2]

Dyson 吸塵器以最先進科技、強勁吸力、耐用、輕巧、便利及快速清潔為訴求,在臺灣賣得很好,是恆隆行手中的進口王牌產品。

參考來源:
1 此段資料來源取材自 Dyson 臺灣官網。
2 此段資料來源取材自 Dyson 臺灣官網。

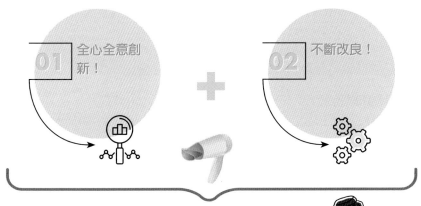

Dyson 研發理念

01 全心全意創新！

02 不斷改良！

・努力解決消費者生活中的問題！

3. TESCOM 主攻專業沙龍吹風機，日本市占率超過七成

　　TESCOM 僅是日本一家中型企業，面對日本松下、日立等大廠競爭對手，TESCOM 仍能以小博大，成功勝出。

　　TESCOM 是日本專業沙龍吹風機製造企業，目前在日本市占率達七成之多。

　　TESCOM 的研發及行銷部門經常定期蒐集髮廊及消費者意見，反應在新產品研發上。在 1995 年開發出全球第一支負離子吹風機，領先同業。此外，果汁機在日本連續 14 年市占率第一。2014 年推出獨創真空技術，主打不易氧化，拉開領先地位。

　　TESCOM 成立於 1965 年，超過 50 年歷史，其產品系列有：美髮家電、健康廚電及美容家電等 3 項。TESCOM 的官網顯示：「正因為對品質的堅持，以及自有產品設計的創新能力，不斷驚喜對產品有不同需求的消費者，不斷累積消費者信任，日益擴張更創新的產品線。」[3]

―――――――――

參考來源：

3　此段資料來源，取材自 TESCOM 臺灣官網。

4. 在成熟市場大膽創新

上述這二大品牌都是在成熟市場裡能夠：「大膽創新＋投入研發＋技術升級＋明確品牌定位」，帶來勝利，也帶給國內老品牌很大的競爭壓力。

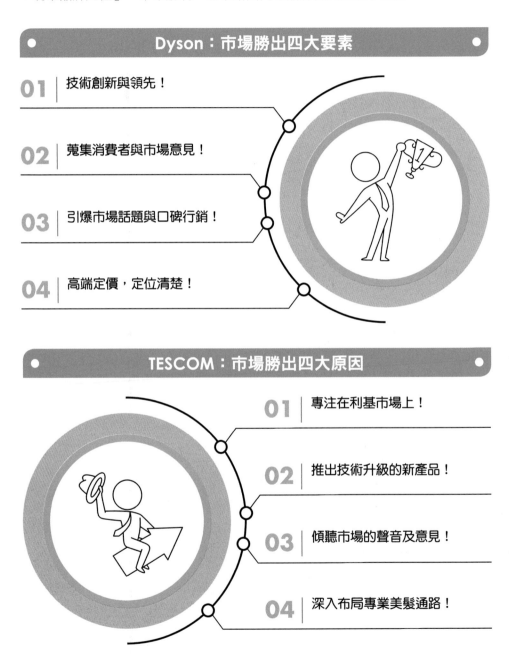

Dyson：市場勝出四大要素

01 技術創新與領先！

02 蒐集消費者與市場意見！

03 引爆市場話題與口碑行銷！

04 高端定價，定位清楚！

TESCOM：市場勝出四大原因

01 專注在利基市場上！

02 推出技術升級的新產品！

03 傾聽市場的聲音及意見！

04 深入布局專業美髮通路！

你今天學到什麼了？
——重要觀念提示——

1. 了解消費者真正需求：

   行銷人員必須透過各種焦點團體座談會、各種市調方法及各種實地觀察法，才能深入且真正了解消費者潛藏在內心的真正需求是什麼？然後才有真正有效的行銷策略。

2. 不斷累積消費者的信任：

   任何一家公司或一個品牌，必須每天在每一個細節過程中及每一個行銷操作中，不斷累積消費者對我們公司及品牌的真正信任感。信任感是品牌的核心根基。

3. 全心全意創新＋不斷改良：

   成功的產品，必是全心全意創新＋不斷改良而得到的。

行銷關鍵字學習

1. 面對消費者，了解消費者的真正需求
2. 靠口碑行銷
3. Dyson 擁有 1000 多個工程師
4. 全心全意創新＋不斷改良
5. 努力解決消費者生活中的問題
6. 定期蒐集髮廊及消費者意見
7. 拉開領先地位
8. 不斷累積消費者的信任
9. 對高品質的堅持
10. 對創新產品的驚喜
11. 在成熟市場大膽創新
12. 投入研發、技術升級
13. 明確品牌定位

問題研討

1. 請討論 Dyson 產品在臺灣市場勝出四大因素為何？
2. 請討論日本 TESCOM 家電在臺灣及日本市場勝出的四大因素為何？
3. 請討論 Dyson 產品的定價策略為何？為何會有此策略？
4. 請討論在成熟市場中，是否仍可以有技術升級與創新的空間？
5. 總結來說，從此個案中，你學到了什麼？

6-2　OPPO：異軍突起的手機品牌

1. 進入第四名市占率

　　OPPO 手機品牌是中國來臺的新加入者，僅僅幾年時間，OPPO 的銷售市占率就上升到第四名，算是非常驚人的。根據一項調查顯示，2019 年度國內的 8 家手機銷售市占率，依序是：(1) iPhone、(2) 三星、(3) ASUS、(4) OPPO、(5) HTC、(6) Sony、(7) 華為、(8) 小米。[1]

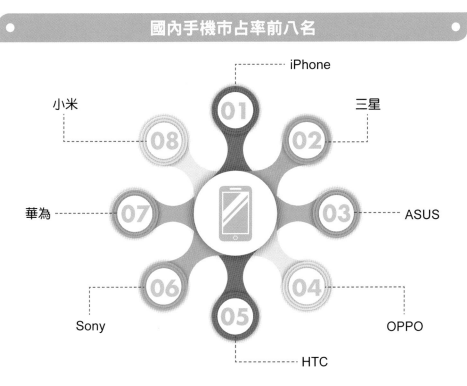

國內手機市占率前八名

2. 產品策略與定價策略

　　OPPO 剛進入臺灣市場時，是以 OPPO AX5 7000 元的低價手機進入市場，希望以低價策略，搶得市場一片空間，避開 iPhone、三星及 Sony 這些高價知名品牌。2 年後，OPPO 才推出 R17 及 R17 PRO 的中價位品牌，價格區間在

參考來源：

1　此段資料來源，取材自中時電子報，並經改寫而成。（www.chinatimes.com.tw）

1.1-1.5 萬元左右。到 2019 年推出 OPPO Reno 的中高價位品牌，以 1.8-2.5 萬元為價格區間。OPPO Reno 強調 4800 萬畫素，具有超高畫質的夜景效果。至此，OPPO 的低價、中價、高價位手機產品都齊全了，可提供 3 種不同所得水準的顧客來分別選擇購買。

3. 目標消費族群（TA）

OPPO 手機的 TA（target audience，目標消費族群），明確鎖定在年輕族群，包括年輕學生及年輕上班族，女性又多於男性。

4. 通路策略

OPPO 手機在臺灣的通路策略，主要有 3 種銷售通路：

一是 50 家直營門市體驗店。這些門市店具有銷售、服務、廣告及體驗四合一功能為目標。

二是全臺五大電信公司的門市店，均有銷售 OPPO 手機。

三是全臺獨立的通信行、經銷店等，也有銷售 OPPO 手機。

總結來看，這 3 種通路，涵蓋了相當完整的銷售管道，方便消費者選購。

OPPO 的三種銷售通路

01
全臺 50 家直營門市店

02
全臺五大電信公司門市店

03
獨立通行信、經銷店

5. 推廣策略

OPPO 的手機推廣及廣宣策略是非常成功的，使其能在短短幾年內，就能夠異軍突起，其主要的推廣策略有以下幾項：

(1) 代言人行銷：

這二、三年來，OPPO 找來國內知名一線 A 咖藝人田馥甄代言 R17 系

列，又找來蕭敬騰代言 Reno 系列，一下子，把 OPPO 手機的品牌知名度、好感度及促購度拉升到很高位置，代言人效果是成功的。

(2) 大量媒體廣告投入：

OPPO 每年投入至少 8000 萬元的電視廣告及網路廣告，能夠把 OPPO 的品牌印象曝光在消費者眼前，其曝光聲量是相當足夠的，其廣告預算與 iPhone、三星、Sony 等一線品牌不相上下。

(3) 冠名贊助廣告：

OPPO 手機冠名贊助「綜藝玩很大」高收視率綜藝節目，使其品牌曝光聲量又再提升。

(4) 戶外廣告：

此外，OPPO 也在公車、捷運、戶外大型牆面看板下廣告，希望更多上班族都能看到 OPPO 四個字的品牌名稱。

6. 售後服務策略

OPPO 50 家直營門市概念店，就是第一線最好的售後服務中心。另外，OPPO 還成立客服及維修中心，招聘維修工程師，全力投入技術維修服務工作，以爭取顧客對 OPPO 服務的好口碑。

7. 關鍵成功因素

總結來說，OPPO 手機在臺灣的成功，可以歸納為以下幾點關鍵成功因素：

OPPO 主力四種推廣策略

代言人行銷
＋電視廣告

01

大量電視及網路廣告投入

02

電視冠名贊助廣告

03

04

戶外廣告

(1) 產品力不錯，品質有保障。

(2) 代言人行銷成功。

(3) 投入大量行銷預算，品牌宣傳成功。

(4) 銷售通路足夠。

(5) 中價位定位成功。

(6) 售後服務完善。

(7) 設定 TA 成功。

OPPO 手機：關鍵成功因素

01 產品力不錯，品質有保障！

02 代言人行銷成功！

03 投入大量行銷預算，品牌宣傳成功！

04 銷售通路足夠！

05 中價位定位成功！

06 售後服務完善！

07 設定 TA 成功！

你今天學到什麼了？
——重要觀念提示——

1. 高、中、低價位並進策略：

   OPPO 手機為後發品牌，剛開始以中低價位搶進市場。由於品牌代言人運作得當，加上直營門市店設立普及，使得業績力及品牌力都快速成長。之後進入中高價位手機，逐步推進市場，其行銷操作甚為成功。

2. 設立直營門市店：

   OPPO 在全臺快速設立 50 多家直營門市店，兼具多功能效果，也是成功因素之一。

行銷關鍵字學習

1. 市占率排名
2. 產品策略
3. 定價策略
4. 高價、低價策略並進
5. 高、中、低價位齊全
6. TA（目標消費族群）
7. 通路策略
8. 直營門市店
9. 銷售、服務、體驗、廣告四合一功能
10. 多元化通路
11. 代言人行銷策略
12. 售後服務策略
13. 投入大量行銷預算
14. 品牌宣傳成功

問題研討

1. 請討論 OPPO 手機的銷售市占率為何？
2. 請討論 OPPO 的 TA 設定為何？
3. 請討論 OPPO 的產品及定價策略為何？
4. 請討論 OPPO 的關鍵成功因素為何？
5. 總結來說，從此個案中，你學到了什麼？

6-3 Dyson：英國高檔家電品牌的行銷策略

1. Dyson 在臺灣銷售長紅

2019 年 12 月，《今周刊》進行商務人士理想品牌大調查，在吸塵器一項中，Dyson 榮獲第一名，領先 Panasonic、伊萊克斯、LG、日立、iRobot 等品牌。

2006 年，臺灣貿易公司恆隆行引進 Dyson（戴森），第一年只賣 3000 臺，但到 2019 年止，累計已賣出 30 萬臺，是 13 年前的 100 倍。

13 年前，臺灣賣吸塵器很少售價超出 5000 元，Dyson 卻賣 2 萬元高價。如今，在 8000 元以上高價吸塵器市場，Dyson 的市占率已超過七成。

恆隆行 2019 年營收額為 78 億元，Dyson 的產品占了六成，即一年營收達 46 億元。

2. Dyson 堅強產品力

恆隆行認為：產品不怕賣貴，就怕沒特點，也敢攻同業不敢想的價格帶市場。意指消費者不怕買貴，但要有獨特功能，要讓人有想買的感覺。

英國 Dyson 總部的研發能力很強大，它的吸塵器引擎型號從 V6-V11，每年升級一次，研發出更新、更好的產品品質、功能與耐用性。

Dyson 以先進應用科技，來改善消費者的美好家居生活的願景為目標。

3. Dyson 的通路力

恆隆行代理 Dyson 產品在臺灣經銷，為了維護品質與信任感，在通路布建方面，不開放加盟，也不找地區家電經銷商，而完全透過在全臺百貨公司設立全直營的專櫃門市，包括 SOGO 百貨、新光三越、微風、遠百、漢神等百貨公司，並搭配高級銷售人員的現場詳細解說。此外，全國電子及燦坤 3C 的賣場也可以買得到。

4. Dyson 的價格力

Dyson 定位在高檔的、精品級的家電，其銷售對象也屬中產階級以上到富有家庭，故其定價是屬高定價策略。在臺灣，Dyson 的吸塵器市場定價約 20000 元、吹風機定價約 10000 元、空氣清淨機定價約 15000 等。但是，一分貨、一

Dyson（戴森）：定位在高檔與精品級家電

Dyson 的定價

· 高檔的、高價的、精品級的、高品質的好家電！
· 臺灣高價吸塵器市占率達七成！

分錢，Dyson 的高品質絕對值得高價位的。

5. Dyson 的服務力

　　恆隆行認為：不只賣好產品，更要有好服務。該公司對 Dyson 產品提供了如下的售後服務：

(1) 線上客服、到府人員、維修人員總計近 100 人之多的服務團隊，所耗人事成本很高。

(2) 一週七天都有客服人員在專責接聽電話應對。

(3) 可以預約到家裡面對面教導如何使用產品。

(4) 產品若有問題，維修人員可以到府收件。

(5) 在保固期間內，一切維修均免費。

(6) 要求 24 小時內，一定要完修送回；現在完修率已達 95%。

(7) 客服中心 30 秒內要完成接聽服務，達成率為 85%。

　　恆隆行表示，為提供百分百的貼心與精緻服務，未來在速度及完成品質上繼續提升與精進。

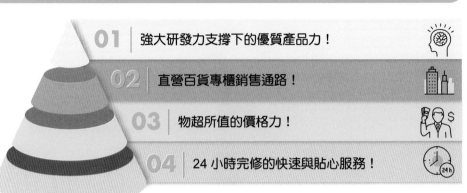

Dyson：成功的四大行銷策略

01 | 強大研發力支撐下的優質產品力！

02 | 直營百貨專櫃銷售通路！

03 | 物超所值的價格力！

04 | 24 小時完修的快速與貼心服務！

你今天學到什麼了？
──重要觀念提示──

1. 產品不怕賣貴，就怕沒特色：
任何產品一定要創造出它的獨家特色，才會讓人想買，也才不會陷入低價格戰。所以，研發人員及行銷人員必須共同努力創造出獨家特色、獨家賣點，如此行銷就會成功。

2. 定位在高檔、精品級家電：
定位很重要，定位清楚才能展現你的位置在哪裡！Dyson 就是定位在高檔、高價位、精品級的家電品牌。

行銷關鍵字學習

1. 銷售長紅
2. 市占率超過七成
3. 堅強產品力
4. 產品不怕賣貴，就怕沒特點、沒特色
5. 獨特功能
6. 要讓人有想買的感覺
7. 研發能力很強大
8. 直營專櫃門市
9. 精品級家電
10. 高定價策略
11. 高品質值得高價位
12. 定位在高檔家電
13. 不只賣產品，更是賣服務
14. 24 小時完修完成

問題研討

1. 請討論 Dyson 產品在臺灣的銷售績效如何？
2. 請討論 Dyson 產品在臺灣銷售成功的四大行銷策略為何？（產品力、通路力、價格力、服務力）
3. 總結來說，從此個案中，你學到了什麼？

6-4 臺灣日立：臺灣第一大冷氣機品牌的經營祕訣

1. 市占率第一大品牌

　　臺灣日立公司 2019 年銷售冷氣機為 34 萬臺，占全臺銷售總量 105 萬臺的市占率接近三成之高，顯示確為臺灣冷氣空調市場的第一大領導品牌，其他競爭品牌，還包括大金、三菱電機、東元、Panasonic、禾聯、東芝、格力……諸多品牌。

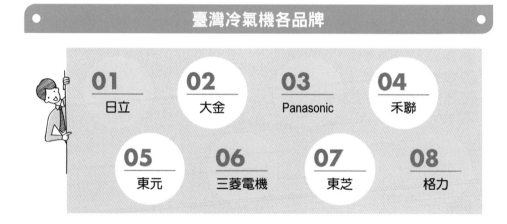

臺灣冷氣機各品牌

| 01 日立 | 02 大金 | 03 Panasonic | 04 禾聯 |
| 05 東元 | 06 三菱電機 | 07 東芝 | 08 格力 |

2. 產品策略：高品質

　　日立冷氣一直都是強調高品質的經營信念，其產品的壓縮機都是從日本進口來的，非常耐用。另外，全機都是在臺灣本廠製造的，可說是非常具有高品質信賴保證。除此之外，近年來更是強調智慧與節能的最新科技發展。

3. 定價策略：中高價位

　　在家用冷氣空調方面，包括不同的型式，如分離式、變頻分離式、變頻窗型、變頻複合式等多種，售價視坪數大小而有不同，每臺冷氣空調售價大約在 1.5-5 萬元左右。

　　日立由於強調高品質，且具日本品牌形象，因此，在售價方面比本土冷氣空調品牌略高 5-15%，係採取中高價位法。

4. 通路策略

　　根據臺灣日立公司的官網顯示，日立冷氣的通路策略，是相當綿密布局，帶給消費者相當的購買便利性。主要有四大通路，說明如下：

(1) 分公司銷售通路：

　　　　臺灣日立冷氣在全臺設立有 15 個分公司及營業所，包括臺北總公司、桃園分公司、新竹分公司、臺中分公司、彰化分公司、嘉義分公司、臺南分公司、高雄分公司、屏東營業所、基隆營業所、蘭陽營業所、花東營業所等，分別負責該縣市的營業活動及服務活動。

(2) 全臺經銷商通路：

　　　　日立冷氣在全臺 24 個縣市，委託大約 500 多家當地的家電行、電器行、冷氣行等，成為在地負責的日立冷氣販售經銷商。

(3) 量販店通路：

　　　　日立冷氣進入國內大型量販店及三 C 賣場，例如：全國電子、燦坤 3C、家樂福……賣場，零售據點超過 500 多個，對消費者選購相當便利。

(4) 網購通路：

　　　　日立冷氣亦在幾家大型網購通路上架，可以直接下單訂購，包括 momo、PChome、Yahoo 奇摩、蝦皮購物等前四大網購通路可比價購買。

5. 推廣策略

　　日立冷氣的廣宣推廣策略，可說相當成功，不斷累積出日立冷氣品牌的優良形象及品牌資產。其在推廣策略的行銷操作，主要有：

(1) 電視廣告大量投放：

　　　　日立每年花費 8000 萬元的行銷預算投放在強大的電視廣告播放上，尤其每年 5 月到 9 月更是高頻率的播放期間。日立冷氣在 2020 年的電視廣告，以 3 支不同訴求的電視廣告片輪替播出。一支是訴求它的壓縮機是從日本進口，具有高耐用期與高品質的信賴保證；一支是它過去屢次獲獎的榮耀品牌信任保證；第三支則是配合政府對家電行業的 3000-5000 元補助款的折價優惠，再加上好禮五選一的送贈品優惠促銷廣告。

(2) 新產品發表會：

　　　　日立冷氣若有新產品上市時，都會舉辦大型的新產品發表會，吸引各家媒體前來採訪報導。

(3) 戶外廣告：

　　　　配合電視廣告大量播放，日立冷氣也會在都會區的公車廣告及捷運廣告加以輔助配合，以吸引較年輕族群的注目。

(4) 媒體報導：

　　　　日立冷氣透過公關公司協助，在各種獲獎、公益活動、促銷活動等，也會在各種媒體消費版上充分曝光。

(5) 公益行銷：

　　　　根據臺灣日立公司官網顯示，日立冷氣多年來高度投入在公益活動，以期形塑優良企業形象，贏得消費者內心好感。其投入在公益的行銷活動如下：

① 舉辦「日立慈善盃女子高爾夫菁英賽」。
② 贊助國際自由車環臺賽。
③ 於新竹竹圍漁港旁海灘舉辦「珍愛地球，深耕臺灣」環保淨灘活動。
④ 南臺灣 6.4 強震日立冷氣捐款 200 萬元協助災區重建。
⑤ 舉辦植樹護大地活動。

6. 日立冷氣的關鍵成功因素

　　總結來説，日立冷氣面對市場上十多個空調品牌的激烈競爭，之所以能夠勝出，長期成為第一領導品牌，可歸納為以下五大關鍵成功因素：

(1) 高品質信賴：

　　　　日立冷氣長期強打冷氣在臺製造，並且重要零件壓縮機均為進口的日本製造，具備高品質的信賴度。而空調冷氣為耐久性商品，其耐久、耐用、高品質、高性能是非常重要的必要條件，這是一般消費者共同的想法及需求。

(2) 行銷成功：

　　　　日立冷氣是一家擅長於做行銷的成功公司，不管是在電視廣告片的呈現與創意及媒體的宣傳露出報導，都把日立冷氣的品牌形象打造的很好，讓顧客在心中留下美好的印象。

(3) 通路綿密：

　　　　日立冷氣在全臺設立 15 個各縣市分公司、營業所，再搭配各縣市電器行、經銷店，以及 3C 大賣場實體店與網購虛擬通路等 4 個管道齊下，打造出消費者高度便利性的冷氣選購條件。

(4) 售後服務完善快速：

　　　　日立冷氣設立有科技快速的「e 服務中心」及各縣市「服務站」等搭配，對於售前及售後的顧客服務需求，都能快速、完善與貼心的給予解決，帶給顧客好印象。

(5) 優良品牌與口碑：

　　　　日立冷氣在臺灣已經有 50 多年歷史，在日本更是百年歷史，也是日本

前二大冷氣品牌。國人普遍有日本家電是優質品牌的印象,因此,臺灣日立冷氣在承接優良日系家電的傳統下,已在國內消費者心目中,累積了優質、優良的品牌資產口碑,這是它成功的根本基礎。

(6) 技術研發力強大:

　　最後,臺灣日立成功的背後,有著來自日本日立總公司技術研發部門的先進與創新技術的支援及協助,才能在高品質、高耐用性方面領先其他品牌,這是來自日本總公司技術資源的協助與引進臺灣。

臺灣日立冷氣:關鍵成功六大要素

- 01 高品質信賴!
- 02 行銷成功!
- 03 通路綿密!
- 04 售後服務完善快速!
- 05 優良品牌與口碑!
- 06 技術研發力強大!

你今天學到什麼了?
── 重要觀念提示 ──

1. 高品質信賴度:
   高品質才能引起消費者的信賴及信任,因此,高品質可說是品牌打造的核心,任何品牌都必須朝著高品質信賴度目標前進,才能提高價位及達成目標業績。

2. 通路據點綿密布置:
   通路據點的綿密布置,也是行銷操作的一個重點所在。通路據點必須讓消費者感到十分方便及便利性,消費者才不會有怨言。

行銷關鍵字學習

1. 市占率第一大品牌
2. 第一大領導品牌
3. 高品質經營信念
4. 壓縮機從日本進口
5. 全機在臺灣製造
6. 高品質信賴度
7. 智慧與節能新科技
8. 中高價位
9. 通路據點綿密布置
10. 全臺經銷商通路
11. 量販店通路
12. 電視廣告大量投放
13. 累積出品牌優良形象
14. 新產品發表會
15. 戶外廣告
16. 媒體報導
17. 公益行銷
18. 售後服務完善快速
19. 技術研發力強大

問題研討

1. 請討論日立冷氣的產品策略及通路策略為何？
2. 請討論日立冷氣的推廣策略為何？
3. 請討論日立冷氣的成功關鍵因素為何？
4. 總結來說，從此個案中，你學到了什麼？

6-5 愛彼錶：營收成長的祕訣

1. 營收成長

　　愛彼錶成立於 1875 年，距今已有 140 多年歷史，是瑞士三大機械名錶之一。在 2011 年到 2019 年間，愛彼錶年營收從 5 億瑞士法郎成長到 10 億瑞士法郎，成長率高達一倍之多，比起同業，同期間產值僅成長 10% 而已。愛彼錶的成長祕訣主要有下列 4 點：

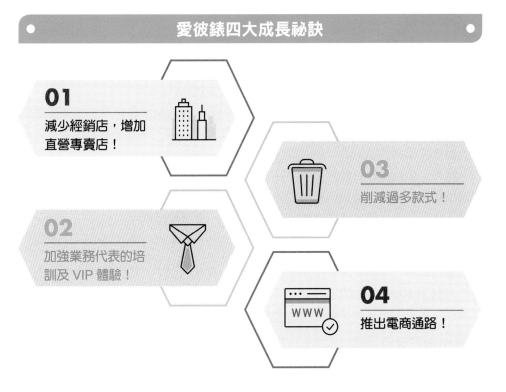

愛彼錶四大成長祕訣

01 減少經銷店，增加直營專賣店！

02 加強業務代表的培訓及 VIP 體驗！

03 削減過多款式！

04 推出電商通路！

2. 減少經銷店，增加直營專賣店

　　愛彼錶 3 年前決定了要關掉經銷店據點的政策，當時全球有 500 家經銷店，削減到只剩 250 家店。另外，反而逆勢加強投資直營專賣店，目前全球已有 53 家專賣店。

　　愛彼錶為何要削減經銷店？因為是每一家經銷店內會賣 20 多種品牌手錶，經銷店老闆未必會全心全力推廣銷售愛彼錶，因此，改由自己經營直營專賣店，

就會專心全賣愛彼錶，服務態度會更好，業績反而成長。此外，減少經銷商，也可以提高最終利潤，但必須投入一些自己開店的資金，但這不是太大的問題。

愛彼錶：經銷店轉型為直營專賣店

‧轉型為：直營專賣店！
‧營收翻倍成長！

3. 加強業務代表的培訓及 VIP 體驗

設立自己的直營專賣店後，店長及店員的專業訓練及服務訓練，就非常重要了。愛彼錶訂立一套完整的專賣店人員培訓計畫與內容，用來提高全球專賣店人員的銷售技術與服務水準，成效很好。

此外，愛彼錶在行銷方面會不定期舉辦高爾夫球賽，邀 VIP 同樂。另外，會邀請頂級 VIP 赴瑞士旅遊與參觀工廠，讓 VIP 大開眼界。而在香港也開設 VIP 招待所提供顧客來此餐敘及選購錶款的私密空間，享受榮華感受。

4. 削減過多款式

愛彼錶另一個策略是決定削減七成之多的款式，原來一年設計 400 款之多，如今只剩下 100 款，因為款式過多，會使總庫存量過多，而且也會使 VIP 顧客難以選擇。另外，也更難準時將產品交給顧客。

5. 推出自己電商通路

為因應全球電商網購時代的普及性及顧客的便利性，愛彼錶會將比較暢銷的款式，以及單價不是太高的款式，移往自己經營的電商網購通路發展，如今已有 10% 的業績來自自己的網購官網。

6. 結語

來自瑞士的知名品牌愛彼錶面對全球高級錶的成長趨緩現實下，仍能無畏競爭環境變化，不斷改革，求新、求變、求進步，寫下營收及獲利連續成長的佳績。

愛彼錶：頂級錶行銷操作

VIP 行銷

01
舉辦高爾夫球賽，邀
請 VIP 同樂！

02
打造 VIP 高級招待
會所，提供開會、餐
敘與選錶服務！

你今天學到什麼了？
── 重要觀念提示 ──

1. 增加直營店，減少經銷店：
   現在整個通路趨勢，就是減少經銷店，增加直營店。因為直營店有諸多好
   處，在通路為主的概念下，建立自主通路是最佳策略。

2. VIP 行銷：
   對於很多零售業、服務業及名牌精品業而言，如何寵愛及尊榮 VIP 客戶，
   將是行銷的重點之一。因為 VIP 帶來高的業績收入，對於 VIP 確實是要區
   隔對待的，如此 VIP 們才有價值感及尊榮感。

行銷關鍵字學習

1. 成長祕訣
2. 減少經銷店，增加直營店
3. 加強 VIP 體驗
4. 加強業務代表的培訓
5. VIP 行銷
6. 削減過多款式
7. 推出自己的電商通路
8. 全球高級錶
9. 成長趨緩現實
10. 不斷改革
11. 求新、求變、求進步
12. 營收及獲利連續成長
13. 打造 VIP 高級招待會所

問題研討

1. 請討論愛彼錶如何做通路變革？為什麼要如此做？有何效益產生？
2. 請討論愛彼錶如何做 VIP 頂級顧客之行銷活動？
3. 請討論愛彼錶是否已開始做電商？
4. 總結來說，從此個案中，你學到了什麼？

Chapter 7

其他類

7-1 日本小林製藥：全員發揮創意，找出好商品

1. 公司簡介與經營績效

小林製藥公司於 1919 年創立，至今已 100 多年歷史。總部設於日本大阪，全球員工達 3000 人。產品在海外銷售已遍及歐洲、美國、中國、香港、臺灣及東南亞各國，其主要產品包括日用品、衛生用品、一般醫藥品、保健品等。

於 2011 年，小林製藥成立臺灣子公司，並推出小林退熱貼、假牙清潔液、小白兔暖暖包、芳香劑……品項。

小林製藥公司承諾為每一位顧客打造出健康、舒適生活的新概念。在經營理念及新品開發上，秉持「Something New, Something Different」（更創新、更差異化）的基本方針而不斷努力。

小林製藥 2019 年營收超過 1600 億日圓（約 450 億臺幣），獲利 240 億日圓，獲利率達 15%，很高。在飽和市場中，營收仍能保持 3-5% 的成長率。

小林製藥的二大新產品開發原則

01 更創新！ ＋ 02 更差異化！

2. 企業文化：全員創意大會

小林製藥公司每年都會舉辦一次隆重的「全員創意大會」，海內外全體員工 3000 人，大家都熱烈的集體討論新產品的創意點子。這場大會，是由該公司經營企劃部主辦，主要擔責單位為商品開發部及行銷部；後勤參與單位為財會、公關、人資、工廠、海外子公司等。

此項創意的發想、討論及提案範圍很廣，包括產品名稱、產品功能、產品特色、包裝、容量、規格、對消費者的利益點、解決消費者哪些痛點、消費者會不會購買、消費者有沒有需求性、市場上有沒有競爭者、電視廣告金句（slogan）等最佳方案提出。

　　在進入決賽時，會由公司中高階主管組成評審團，入選者將發給每人獎勵金，然後進入 (1) 市場可行性評估，以及 (2) 技術可行性評估。通過者，最後會正式進入商品化實作階段。

　　日本小林製藥公司，長久以來的經營理念，就是「以創意決勝負」，要不斷地推出新產品上市銷售，才能永遠保持注入活水。這項全體總動員，共同集思廣益，終能得到好的成效。

小林製藥：3000 員工，共思創意

全球海內外
員工 3000 人！

· 參加「全員創意大會」
的一年一度盛會！

3. 危機感：有些新產品很快就會下架

　　日本小林製藥每年都會推出大約 30 款新產品，在剛上市有電視廣告時都賣得不錯，但一停止廣告，營收就顯著下滑，有不少新產品，上市半年後就停產了，造成小林製藥公司很深的危機感。

　　在此危機意識下，小林製藥公司決定要加強全員提供創意商品，脫離失敗下架的困境，並且努力開發出能夠「細水長流」的長銷型商品。

小林製藥：不斷推出新商品問世

以創意決勝負

· 不斷推出新商品問世！
· 創造細水長流的長銷型商品！

4. 策略：搶占利基市場

日本小林製藥的行銷戰略，就是創造利基型市場，並且搶占此市場的占有率，成為此市場的龍頭。此即專攻小眾市場，TA（目標消費族群）只鎖定 5% 左右的人口。

小林製藥將經營資源集中在這些戰略商品上，目前，上市 1-4 年的產品，營收占比已從 5 年前的 9.9%，提高到現在的 15%，已穩定挺住，站在市場上未被淘汰。

5. 海外布局

小林製藥公司因應日本國內人口減少及市場萎縮的既定趨勢，已面臨成長瓶頸，因此，必須放眼海外市場。近二、三年來，小林製藥公司已陸續收購中國一家江蘇藥廠及美國一家藥廠，現在海外營收已顯著提升到占 30%。

你今天學到什麼了？
——重要觀念提示——

1. 更創新、更差異化：
   小林製藥對新品開發的二大指導原則就是：要更創新！要更差異化！不要走老路！不要因循過去！要努力打造出可以長銷型的產品。

2. 小眾市場、利基型市場：
   新品開發不必走大眾市場，因為品牌太多，競爭太激烈，只要專注在 5% 人口的小眾市場及具有利基型市場，反而可以成功。

3. 新品上市危機感：
   新品上市失敗比例高達七成，成功的只有三成。因此，一定要保持危機感，才能想出長銷型的新產品。

行 銷 關 鍵 字 學 習

1. 100 多年公司歷史
2. 更創新、更差異化
3. 全員創意大會
4. 討論產品創意點子
5. 對消費者的利益點
6. 解決消費者痛點
7. 消費者有沒有需求性
8. 市場可行性評估
9. 技術可行性評估
10. 永遠保持注入活水
11. 新品上市危機感
12. 開發出長銷型商品
13. 不斷推陳出新
14. 專攻小眾市場
15. 搶占利基型市場

16. 只鎖定 5% 人口
17. 集中在戰略商品上
18. 面臨成長瓶頸
19. 海外布局

問題研討

1. 請討論日本小林製藥的公司簡介及經營績效如何？
2. 請討論日本小林製藥公司的「全員創意大會」內容為何？
3. 請討論小林製藥公司為何會有危機感？
4. 請討論小林製藥公司為何要朝向利基市場、小眾市場？
5. 請討論小林製藥為何要拓展海外市場？
6. 總結來說，從此個案中，你學到了什麼？

7-2 中信銀：銀行品牌連勝 12 年

1. 公司簡介

中國信託銀行創立於民國 55 年，迄今已超過 50 多年了，在「正派經營」、「親切服務」的經營理念下，中信銀創下許多的創新服務。

目前在臺灣計有 152 家分行，海外有 115 個分支機構，成為臺灣最國際化銀行。

「中信銀秉持『We are family』的品牌精神，以『誠信、創新、專業、國際、關懷』的企業核心價值觀，以及『關心、專業、信賴』的品牌特質，持續推動公司治理，落實企業社會責任，打造『臺灣第一、亞洲領先』的領導品牌，期許成為客戶心目中最值得信賴的金融銀行。」[1]

2. 中信銀品牌勝出原因

12 年前，《今周刊》舉辦「商務人士理想品牌大調查」，歷經 12 年後，中

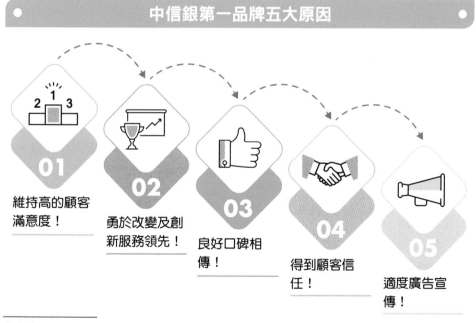

中信銀第一品牌五大原因

01 維持高的顧客滿意度！

02 勇於改變及創新服務領先！

03 良好口碑相傳！

04 得到顧客信任！

05 適度廣告宣傳！

參考來源：

1 此段資料來源，取材自中國信託銀行官網。（www.ctbcbank.com.tw）

信銀均在銀行業中，獲得最佳品牌印象的第一名市場地位。

中信銀能連續 12 年得到第一品牌，有五大原因，說明如下：

(1) 每天維持高的顧客滿意度；待客如親，客戶都可以得到親切、貼心、可靠、快速、完美的各項服務。

(2) 勇於改變及創新服務的領先；例如：臺灣第一張信用卡、第一家超商安裝 ATM、在海外分行設立最多，以及最早導入金融科技應用等。

(3) 客戶良好口碑的相傳。

(4) 得到客戶真正的信任。

(5) 適度的廣告宣傳。

3. 品牌的意涵

針對何謂品牌的真正意涵，中信銀總經理陳佳文表示：「品牌就像是人的內在與氣質，不是一、二天穿戴整齊就可以了，而是平常每一天都要把它做得很好，也不須刻意去操作及宣傳。」[2]

4. 跟上金融科技潮流

中信銀對最新金融科技的使用也不落人後，近幾年來針對下列 5 項加以積極研發及應用，說明如下：

(1) 大數據分析

(2) 人工智慧（AI）

(3) 臉部辨識

(4) 網路銀行

(5) APP 使用

上述均會整合應用到銀行服務中，更提高服務的品質及等級，客戶對銀行的信任度也會更高。另外，能精準掌握客戶的行為，提出更好的個人化建議。目前，中信銀的金融科技人員已有 100 位工程師，將持續做出更有效率的金融科技應用服務。

5. 組織應變

中信銀經常面對下列 4 項的挑戰：

(1) 金融科技潮流

(2) 市場變化

參考來源：

2 此段資料取材自《今周刊》專題報導。

(3) 顧客需求

(4) 競爭環境

　　因此，中信銀在組織上，必須更具彈性。三年一小變，五年一大變，保持隨時因應變化，能夠把組織結構、組織人力及組織團隊做好調整及改革，才能成功面對上述四大挑戰。

6. 創新領先

　　中信銀整體的創新速度已比同業更快，但高階董事會對改變、改革速度仍不滿意，總希望中信銀能一直走在同業的最前面。

　　創新是中信銀的根本 DNA 基因，也是銀行業理想品牌保持第一名的重大因素。

　　中信銀未來將秉持創新求變，以及「求新、求變、求快、求更好」的最高政策原則，保持銀行業第一品牌好印象。

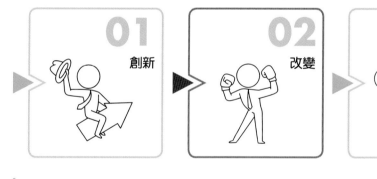

中信銀：創新＋改變＋信任

01 創新

02 改變

03 信任

・品牌地位領先！

・業績領先！

・服務更貼心！

・服務品質升級！

你今天學到什麼了？
──重要觀念提示──

1. 創新＋改變＋信任：
   中信銀行品牌力的成功，就是它一直堅持著六字訣，即：創新＋改變＋信任。
2. 打造成為值得信賴、信任的品牌：
   企業經營與做行銷，長遠的終極目標，就是要打造公司或產品品牌，能得到顧客極高的信賴度及信任感。
3. 勇於改變，做得更好：
   企業面對激烈競爭環境下，必須在組織、人才制度、文化、產品、服務、行銷、廣宣等各方面，都要勇於改變，朝做得更好、更新的方向努力向前。

行銷關鍵字學習

1. We are family 品牌精神
2. 正派經營
3. 值得信賴的品牌
4. 社會公益行銷
5. 維持高的顧客滿意度
6. 貼心、親切、可靠、快速、完美的服務
7. 勇於改變及創新服務的領先
8. 良好口碑相傳
9. 適度廣宣投入
10. 得到顧客信任
11. 品牌就像人的內在及氣質，每一天都要把它做的很好
12. 金融科技應用服務
13. 創新是企業根本基因
14. 求新、求變、求快、求更好

問題研討

1. 請討論中信銀的公司簡介為何？
2. 請討論中信銀連續得到《今周刊》商務人士票選銀行業品牌第一名的五大原因為何？
3. 請討論品牌的真正意涵為何？
4. 請討論中信銀跟上金融科技的應用服務有哪 5 項？有多少工程師團隊？
5. 請討論中信銀組織經常改變，是因為面對哪 4 項挑戰？
6. 請討論中信銀未來最高政策、原則為哪九個字？
7. 總結來說，從此個案中，你學到了什麼？

7-3 Skechers：運動品牌的快速崛起者

1. 公司簡介與業績

Skechers USA 創立於 1992 年，旗下主要有 Performance 及 Life style 兩大部門。2019 年營收額達到近 50 億美元（合計臺幣 1500 億元）。此品牌每年設計、開發與行銷超過 3000 款男鞋、女鞋及童鞋，以及迎合最新潮流與科技的運動機能服飾、休閒服飾與配件，行銷全球各大銷售通路與管道。

Skechers 總部位於美國加州，是紐約證交所上市公司，除在美國本地銷售外，於全球 170 個國家擁有銷售據點，透過直營門市店、百貨公司、購物中心、街邊門市、經銷店等擁有 3000 個品牌專賣店。[1]

Skechers 是美國第二大運動品牌，近 5 年來的年營收及獲利額均高速成長一倍之多，成長率超過第一品牌 Nike，股價也創下新高。

它沒有天價明星球員代言，但為何能夠維持高成長呢？答案是：「它跟得很快。」

Skechers 公司概況

01 美國第二大運動品牌！

02 年營收 50 億美元！

03 全球有 3000 個專賣店！

04 近幾年營收及獲利快速成長！

參考來源：

1　此段資料來源，取材自 Skechers 臺灣分公司官網。（www.skechers-twn.com）

2. 快速跟上潮流！賣得好

近 3 年，它大量推出潮流鞋款，成長動能從熟女轉到追隨潮流的年輕族群，近年最熱賣的款式，即是老爹鞋。Skechers 的老爹鞋款式比競爭對手多一倍，但售價卻是 Nike 及 Adidas 的一半而已，結果在亞洲熱賣，受到低薪年輕人的歡迎。在臺灣，此款鞋的收入，占了全部收入的 13%，算是跟上流行而成功的案例。2009 年流行的弧形塑身型及 2015 年的編織鞋，Skechers 都能快速跟上流行而賣得很好。

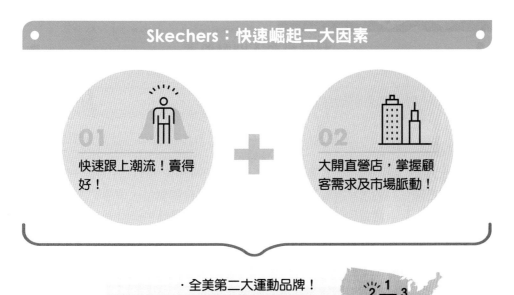

3. 大開直營店，掌握顧客需求及市場脈動

Skechers 在全球有 700 家直營店，占整體店數的 25%，臺灣就有 100 家店之多。該品牌為取得市場與顧客資訊，故轉向直接對顧客銷售，跨入直營門市店。

Skechers 品牌為提高對顧客需求的敏銳度，以及對流行趨勢的觀察，故須依賴直營店營運。

現在所有產品上市前，臺灣地區的 30 家直營門市店先試賣 2 週，若反應好

的，才會下單大量生產；美國總部也才會更精準推算訂單量。

每個月，在臺灣會召回全臺所有店長，開會了解營運脈動，隨時調整品項下單量。

Skechers：大開直營店的 4 個目的

01 提高對顧客需求的敏銳度！

02 提高對流行趨勢的觀察！

03 新產品可以先試賣，作為下訂單量的參考！

04 取得市場與顧客的資訊！

4. 定價策略

Skechers 品牌的產品定價，比前二大品牌 Nike 及 Adidas 要低 10-20%，但又比沒有知名度的白牌球鞋高 20%，顯示定價在中等價位，價格不貴，又兼具設計與舒適，吸引想跟隨流行又精打細算的較低收入族群。

5. 結語

Skechers 作為跟隨品牌，只要營運配套能跟上，靠著絕佳的執行力，以及對市場快速反應的能耐與敏銳度，就有機會在前面二大品牌的縫隙中冒出頭來。

你今天學到什麼了？
──── **重要觀念提示** ────

1. 大開直營店：
   現在很多服務業及零售業，都自己投入開設直營店，有諸多好處，是目前主流的通路策略趨勢。
2. 掌握顧客需求及市場脈動：
   從事行銷人員，一定要時時刻刻掌握、了解及洞悉顧客的需求及市場脈動趨勢，才能做出精準的行銷對策，也才能成功行銷。

行銷關鍵字學習

1. 擁有 3000 個品牌專賣店
2. 營收成長率、獲利成長率
3. 它跟得很快
4. 維持高成長
5. 快速跟上潮流
6. 成長動能
7. 賣得很好
8. 大開直營店
9. 掌握顧客需求及市場脈動
10. 提高對顧客需求的敏銳度
11. 反應好，才大量下單
12. 了解營運脈動
13. 提高對流行的敏銳度
14. 定價策略
15. 對市場快速反應

問題研討

1. 請討論 Skechers 的公司簡介及業績如何？
2. 請討論 Skechers 能夠快速崛起的二大因素為何？
3. 請討論 Skechers 大開直營店的 4 個目的為何？
4. 請討論 Skechers 的定價策略為何？
5. 總結來說，從此個案中，你學到了什麼？

7-4 和泰汽車：第一市占率的行銷策略祕笈

1. 市占率 29%，位居第一

　　和泰汽車是日本豐田汽車公司（TOYOTA）在臺灣區的總代理公司，主要銷售由國瑞汽車工廠所製造的各款式 TOYOTA 汽車。和泰汽車為上市公司，根據其公開的財務報表顯示，和泰的 2019 年年營收額高達 1840 億元，獲利額 126 億元，獲利率為 7%；年銷售汽車 13 萬輛，占全臺 44 萬輛車的市占率達 29%，位居第一大市占率，遙遙領先其他競爭對手，例如：裕隆、福特、三菱、日產、馬自達等各大品牌。

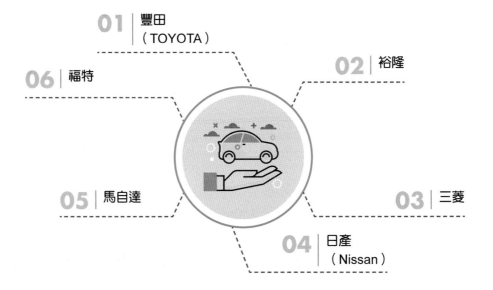

國內一般轎車品牌

- **01** 豐田（TOYOTA）
- **02** 裕隆
- **03** 三菱
- **04** 日產（Nissan）
- **05** 馬自達
- **06** 福特

2. 產品策略（product）

　　和泰汽車的產品策略，主要有 3 點：

　　第一點是訴求日系車的造車工藝與高品質、高安全性的水準。

　　第二點是採取母子品牌策略。

母品牌即是 TOYOTA，子品牌則是各款式車的品牌。目前計有 13 個品牌，包 括 Camry、Sienta、Yaris、Granvia、Altis、Vios、Auris、Prius、RAV4、Sienna、Previa、Lexus、Alphard 等。此種母子連結的品牌策略，可帶來不同的區隔市場、不同的定位、不同的銷售對象，總結來說，即是可以擴大營收規模及獲利空間。

第三點是強調重視環保功能及油電混合複合車，一則省油、二則具環保要求。

以上 3 點產品策略，使 TOYOTA 汽車在臺灣汽車市場能受到好口碑及高信賴度，而使該車款能保持長銷。

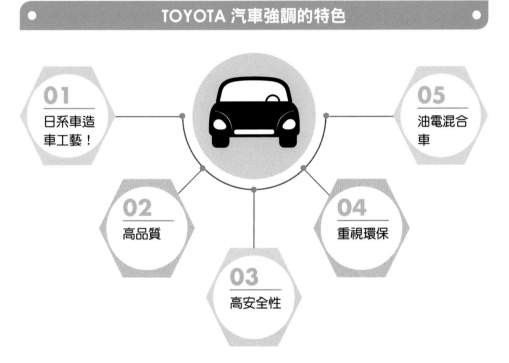

TOYOTA 汽車強調的特色

01 日系車造車工藝！

02 高品質

03 高安全性

04 重視環保

05 油電混合車

3. 定價策略（price）

和泰汽車在定價策略上，靈活的採取了平價車、中等價位車及高價位車 3 種定位。[1]

參考來源：

1 本段資料來源，取材自和泰汽車官方網站，並經大幅改寫而成。（www.hotai.com.tw）

例如：在平價車方面，計有下列幾款車：

(1) Yaris（58-69 萬元）

(2) Altis（69-77 萬元）

(3) Vios（54-63 萬元）

平價車主要銷售對象為年輕的上班族群，年齡層在 25-30 歲左右。

在中價位車方面，計有：

(1) Camry（106 萬元）

(2) Sienta（65-86 萬元）

(3) Auris（83-88 萬元）

(4) Prius（112 萬元）

中價位車主要銷售對象為中產階級及壯年上班族，年齡層在 30-45 歲左右。

另外，在高價位車方面，計有：

(1) Granvia（170-180 萬元）

(2) Lexus（170-400 萬元）

(3) Sienna（198-290 萬元）

(4) Previa（140-208 萬元）

(5) Alphard（260 萬元）

高價位車主要銷售對象為高收入者的企業中高階幹部及中小企業老闆，年齡層在 45-60 歲之間。

TOYOTA 定價的 3 種類

| 01 平價車 55-75 萬元 | 02 中價位車 80-120 萬元 | 03 高價位車 150-500 萬元 |

4. 通路策略（place）

根據和泰汽車官方網站顯示，和泰 TOYOTA 汽車的銷售網路，以下列全臺 8 家經銷公司為主力，説明如下：

「國都汽車、北都汽車、桃苗汽車、中部汽車、南都汽車、高都汽車、蘭陽

汽車及東部汽車等 8 家經銷公司，全臺銷售據點數合計達 147 個。」[2]

　　這 8 家經銷公司，和泰汽車公司都與他們有合資關係而成立的。因此，雙方可以互利互榮、共創雙贏，進而創造銷售佳績。而和泰汽車也在融資、資訊系統、產品教育訓練等各方面給予最大的協助。因為，和泰清楚認識到，唯有經銷商能賺錢，和泰總公司也才能賺到錢。

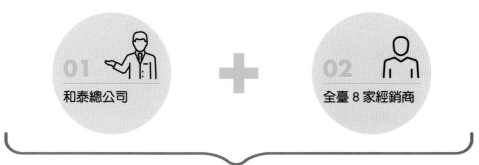

・合作協力賣出好佳績！

5. 推廣策略（promotion）

　　和泰汽車的成功，在行銷及推廣策略的貢獻，是不可或缺的。和泰汽車的推廣宣傳操作，主要有下列幾點：

(1) 代言人：

　　這幾年來，TOYOTA 汽車的代言人，主要以當紅的五月天及蔡依林最成功，找這兩位當代言人，主要就是希望爭取年輕人客層，避免使 TOYOTA 的品牌老化。因為，和泰汽車已成立 70 年了，難免會有老化現象。

(2) 電視廣告（TVCF）：

　　和泰的媒體宣傳，主力 80% 仍放在電視媒體的廣告播放上，每年大概花費 2 億元的投入。幾乎每天都會在各大新聞臺的廣告上，看到 TOYOTA 各品牌的汽車廣告。這方面的投資成效不錯。

參考來源：

2　本段資料來源，取材自和泰汽車官方網站。

(3) 網路與社群廣告：

　　和泰汽車為了爭取年輕族群，這幾年也開始撥出預算的二成在網路及社群廣告上，希望 TOYOTA 品牌宣傳的露出，能夠讓更多年輕人看到，這方面，每年也花費 3000 萬元的投入。

(4) 記者會：

　　和泰汽車每年的新款車上市、新春記者聯誼會、公益活動舉辦等，幾乎都會舉行大型記者會，希望各媒體能多加報導及曝光，以強化品牌好感度。

(5) 公益行銷：

　　和泰汽車認知到「取之於社會，也要用之於社會」。因此，大舉投入於公益活動，希望形塑出企業優良形象。相關公益活動列舉如下：

① 全國捐血專車

② 國小交通導護裝備捐贈

③ 一車一樹環保計畫（已種下 22 萬棵樹）

④ 全國兒童交通安全繪畫比賽

⑤ 培育車輛專業人才計畫

⑥ 校園交通安全說故事公益巡迴活動

⑦ 公益夢想家計畫

(6) 戶外廣告

　　和泰汽車的媒體宣傳，也會使用戶外的公車廣告、捷運廣告及大型看板廣告，作為輔助媒體的宣傳。另外，也會在戶外設有品牌體驗館的活動。

和泰汽車的推廣宣傳策略

01 藝人代言人
02 電視廣告
03 網路及社群廣告
04 記者會
05 公益活動
06 戶外廣告
07 APP 行銷
08 促銷活動

(7) 改革 APP：

　　和泰汽車也不斷改良手機用的 APP，使 APP 成為對汽車用戶的行動宣傳工具。

(8) 促銷活動：

　　促銷也是行銷操作的重要有效方式。汽車業最常用的兩種促銷方式：一是 60 萬元，用 60 期 0 利率分期付款的優惠；二是買車即送 Dyson 吹風機，價值 1 萬元等方式為誘因。

6. 服務策略

　　和泰汽車在全臺設有 163 個維修據點，方便給客戶能就近找到維修點。另外，亦設有顧客服務中心專線，隨時接聽客人的意見反映及協助解決問題。

　　此外，和泰汽車為了給客人更全方位的服務，成立 3 個周邊公司，各自提供下列服務給客人，分別為：

(1) 和泰產險公司：負責提供汽車保險事宜。
(2) 和潤企業：負責提供汽車分期付款事宜。
(3) 和運租車：負責提供在外租車事宜。

你今天學到什麼了？
──重要觀念提示──

① 公益行銷：
隨著時代的進步及公益社會的呼聲高漲，企業行銷不能只是要賺錢，更要善盡企業社會責任，亦就是多做公益行銷活動，才能打造具備公益形象的優良品牌及好公司。

② 母子品牌策略：
亦即 TOYOTA 為其母品牌，但有很多子品牌搭配，如此才能更加豐富化、多元化、新鮮化、品牌化，也有助於推進營收額的增加。

行銷關鍵字學習

1. 市占率居第一
2. 公開的財務報表
3. 獲利率
4. 營收額（營業收入）
5. 主力競爭對手
6. 日本造車工藝
7. 高品質、高安全性
8. 母子品牌策略
9. 環保功能
10. 油電混合車
11. 高信賴度
12. 好口碑
13. 保持長銷
14. 高、中、低價位並進
15. 全臺 8 家經銷商
16. 互利互榮、共創雙贏
17. 經銷商賺錢，總公司才能賺錢
18. 公益行銷

問題研討

1. 請討論和泰汽車的經營績效如何？
2. 請討論和泰汽車的產品定價及通路策略為何？
3. 請討論和泰汽車的推廣宣傳策略為何？
4. 總結來說，從此個案中，你學到了什麼？

7-5 Levi's 牛仔褲：浴火重生再起的行銷策略

1. 走出最低谷

　　1996 年時，Levi's 營收額達到 72 億美元的最高峰，但於 2000 年卻下滑到 40 億美元，很多人不再買 Levi's 的產品。到 2011 年時，顧客平均年齡為 47 歲，面臨了失落的 15 年，也走到事業最低谷底。到 2018 年營收回到 49 億美元，年成長率 8%，終於走出谷底，重生再起。

2. 新任 CEO，4 個問題拯救失落的 15 年

　　Levi's 在 2011 年聘用新上任 CEO 柏格。這位新 CEO 與公司 60 位中高階主管分別會談，深入了解財務與營運數字，然後他請大家思索 4 個問題：

(1) 公司究竟哪裡賺錢？
(2) 公司哪裡虧錢？
(3) 公司哪裡可以成長？
(4) 公司哪裡是衰退？

　　於是他決定先發展利潤豐厚的核心業務，再拓展其他。

Levi's：新上任執行長的四大問題，開始拯救公司

01
公司究竟哪裡賺錢？

02
哪裡虧錢？

03
哪裡成長？

04
哪裡衰退？

3. 策略 1：改變銷售重點，把女裝及上衣改為銷售主力

新任執行長柏格要求全員必須在女裝部分反敗為勝。因應女性運動風潮，該公司研發出材質柔軟且具彈性，可以直接穿去健身房的女性牛仔褲。結果 3 年來業績，年年呈現成長，年營收超過 10 億美元，成為 Levi's 的主力品項。

另外，一條牛仔褲需要搭配上衣及鞋子，因此也帶動周邊產品的成長動能。

4. 策略 2：喊出嶄新 slogan

柏格執行長剛到任時，曾經做市調拜訪一位女性顧客的家庭，這位顧客反應表示：「你穿其他牛仔褲，但你卻活在 Levi's 牛仔褲中（Live in Levi's）。」執行長覺得此話講得很棒，從此 Live in Levi's 就成為該公司品牌電視廣告及平面廣告的主軸 slogan（標語）。此段 slogan 可以是將情感連結到過去無數顧客內心最強的行銷武器。

5. 策略 3：冠名球場，聯名潮牌搶客

2013 年，Levi's 以 2.2 億美元買下舊金山 49 人隊的新足球場冠名權，命名為「李維球場」，因為該場足球迷恰為此品牌的銷售目標對象。

另外，Levi's 與潮牌 Supreme 聯名，推出花款牛仔外套，並與 Nike 經典的喬丹鞋聯名，推出牛仔款，以吸引年輕消費者目光。目前，Levi's 顧客平均年齡已從 47 歲降到 34 歲，有效的使品牌更加年輕化，成為更貼近年輕人的品牌。

Levi's：浴火重生的四大關鍵

01 推出新的 slogan！連結既有情感！

02 增加女裝及上衣的業務收入！改變銷售主力！

03 冠名球場及聯名潮牌搶客！

04 減少批發，增加直營店及電商通路！

6. 策略 4：改變銷售通路，減少批發，增加電商及直營店

　　Levi's 過去均以批發為主，如今則改為重視直營店、官網，以及供貨給其他電商平臺銷售。

　　7 年前，直營店僅占銷售額 21%，如今已超過 30%，有效的扭轉了銷售通路的結構，將營業額的責任改到自己的直營店上，而不再仰賴批發商。

7. 結語

　　歷經七、八年的大力整頓與推出正確的經營策略，以及全體員工的團結努力，終於使 Levi's 能夠從谷底走出，而浴火重生。

你今天學到什麼了？
──重要觀念提示──

① 找到可以賺錢的核心事業：

公司有很多產品系列，但有些是沒賺錢的、沒成長性的，就不要花心力在這些產品。應把資源投入在可以賺錢、可以有未來成長性的事業別或產品系列上，才更有效益性，公司也才有未來性。

② 喊出新的 slogan：

Levi's 找到很棒的新 slogan，稱為「Live in Levi's」，能夠連結顧客的內心，是成功的廣宣詞。

行銷關鍵字學習

1. 走出最低谷底
2. 重生再起
3. 4 個問題拯救失落的 15 年
4. 公司究竟哪裡賺錢？哪裡虧錢？哪裡可以成長？
5. 找到可以賺錢的核心事業
6. 改變銷售重點
7. 帶動成長動能
8. 喊出新的 slogan（廣告金句）
9. 連結到顧客內心
10. 聯名潮牌
11. 冠名球場
12. 增加直營門市店
13. 增加電商網購
14. 浴火重生

問題研討

1. 請討論 Levi's 浴火重生的四大關鍵策略為何？
2. 請討論新上任執行長的四大問題為何？
3. 請討論 Levi's 新的 slogan 如何而來？你覺得如何？
4. 總結來說，從此個案中，你學到了什麼？

7-6 愛迪達：Adidas 逆勢再起的 六大營運策略

2013 年，愛迪達進入營運低潮期，2014 年更落入谷底，前有 Nike 第一名，後有 Under Armour 第三名的追趕。但是，2015 年起，愛迪達展開大反攻，股價開始攀升，到 2018 年破歷史新高，最高到 199 歐元。

這幾年，愛迪達到底做對了什麼？主要有六大營運策略，說明如下：

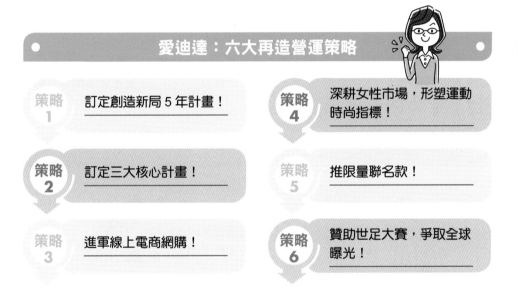

愛迪達：六大再造營運策略

策略 1	訂定創造新局 5 年計畫！
策略 2	訂定三大核心計畫！
策略 3	進軍線上電商網購！
策略 4	深耕女性市場，形塑運動時尚指標！
策略 5	推限量聯名款！
策略 6	贊助世足大賽，爭取全球曝光！

1. 策略 1：訂定創造新局 5 年計畫

愛迪達在 2015 年訂定一項名為「創造新局」（Create the New）的 5 年策略計畫，主要聚焦在具有成長動力的五大領域，即足球、跑步、女性、兒童、運動經典。希望塑造這五大領域的品牌影響力，加強關鍵品項，重新找回市場競爭力。

2. 策略 2：訂定三大核心計畫

即城市（city）、速度（speed）、資源開放（open source），強調要更快速回應市場變化、要更快速研發新產品、要更加強線下實體零售店拓展、要密

布全球更大城市、要設立各國旗艦店、要塑造時尚、潮派的品牌印象。

3. 策略 3：進軍線上電商（網購）

愛迪達成立 adidas.com 的電商網站，爭取年輕人在線上點閱及購買商機。自 2016 年成立以來，電商年營收已達 10 億歐元，每年成長率均達二位數。

4. 策略 4：深耕女性市場，形塑運動時尚指標

愛迪達自 2015 年起，精準切入運動產業新藍海，即「女性市場」。它專門為女性設計運動產品，在門市店重新設計女性產品的展示方式。

愛迪達在行銷上，找來擁有大批粉絲的知名部落客、網紅、時尚名人及藝人等，來傳達「運動時尚」的品牌形象。

愛迪達打破過去 Nike 找頂尖運動選手代言的傳統思維，讓運動品牌成為一個時尚品牌，終於能夠成功的拓展全球更多的年輕消費族群。

愛迪達把運動當成時尚看待，強攻非專業運動迷市場。它將全部資源放在女性上面，迎合近年女性運動風盛行。此外，愛迪達也找來 25 個意見領袖做宣傳，目標是開拓女性消費市場。

愛迪達：定位改變

運動專業

・轉向運動時尚！
・專攻女性市場！

5. 策略 5：推限量聯名款

2015 年底，愛迪達推出 adidas Originals NMD 運動鞋系列，成為旗下最受歡迎的運動鞋款。也找上美國流行音樂歌手，推出聯名限量鞋款，帶動熱銷。

愛迪達希望透過：聯名商品＋飢餓行銷（即限時、限量、限地），塑造稀有價位，產生搶購熱潮，製造話題。

6. 策略 6：贊助世足大賽，爭取全球曝光

4 年一度的世界足球大賽，2018 年在俄羅斯舉行，愛迪達大幅贊助此項比賽，藉以提升其品牌在全球轉播的露出度，以爭取大眾對它的好感度。

你今天學到什麼了？
──**重要觀念提示**──

1. 深耕女性市場：
Adidas 看準未來女性的運動潛力市場，因此專門及深耕女性市場，塑造女性運動時尚的領先品牌，終於有效成功拉升業績。

2. 快速回應市場變化：
行銷人員必須每天關注及掌握市場的變化、方向及趨勢，然後快速採取對策，回應市場，才能成功行銷產品，也才能抓住商機，達成業績。

行銷關鍵字學習

1. 逆勢再起的營運策略
2. 訂定 5 年策略計畫
3. 創造新局
4. 聚焦在有成長動能領域
5. 快速研發新產品
6. 快速回應市場變化
7. 塑造時尚、潮派的品牌印象
8. 進軍線上電商
9. 爭取年輕人商機
10. 深耕女性市場
11. 形塑運動時尚指標
12. 藍海市場
13. 時尚品牌
14. 推限量聯名款
15. 贊助世足大賽

問題研討

1. 請討論愛迪達的定位，在 2015 年之後，有何改變？它的主攻市場轉到哪裡？

2. 請討論愛迪達自 2015-2019 年，做了哪六大再造營運策略？結果如何？

3. 總結來說，從此個案中，你學到了什麼？

7-7 阿榮嚴選：直播電商，黑馬崛起

1. 本土劇一哥陳昭榮

本土劇一哥男主角陳昭榮，自 2017 年 3 月起，透過臉書直播賣東西，3 年多來，已有 10 萬粉絲及 3 萬名會員。第一年營收達 1.4 億元，第二年達 2 億元，第三年達 3 億元，業績每年都有顯著成長，陳昭榮是如何做到的？成功因素為何？

2. 定位在「消費者雲端冰箱」

陳昭榮是扮演嚴選商品的提供者角色，2017 年 3 月，他親自出國飛到挪威，下單採購千噸鯖魚，奠定成功基礎。賣冷凍魚貨及肉品，是陳昭榮切入直播電商第一招。他曾經評估過，面對 momo、PChome 及 Yahoo 奇摩等大型綜合電商的先進入者優勢，究竟要如何找到破口切入呢？陳昭榮發現以作為消費者的雲端冰箱，並從國內外冷凍魚貨及肉品之隙縫切入，是有成功勝算的，後來證明是成功的一招。

3. 進一步黏住粉絲

經營一段時間之後，陳昭榮發現到會員很喜歡分享做菜廚藝的表現，因此，他在 FB 臉書上成立不公開社團，名稱為「阿榮上菜」，至今已累積 3000 人社團成員，這些人都是重度購買者粉絲，忠誠度也很高，成為線上訂貨的基本顧客群。

除線上社團外，2018 年 3 月起，陳昭榮又走到線下，和粉絲搏感情，在北、中、南三地舉辦「同學會」，總計有 1000 人到場，這些粉絲們都很熱情，看到陳昭榮本人時，情緒更是高漲，成為黏著度很高的鐵粉。

4. 知名度＋信任感

陳昭榮擁有多年的本土劇男主角的公眾形象，而且具有正面的高知名度及信任感，這是他直播電商可以成功的基本優勢所在，不需要多宣傳。

阿榮嚴選：知名度＋信任感

01 知名度

＋

02 信任感

· 成為粉絲下訂單的關鍵！

陳昭榮從每天 2 小時直播節目，到現在一天 3 個頻道，計 13 小時節目，短時間內，成長擴張很大。他還成立直播學院，培養後進新透。2018 年 8 月起，除「阿榮嚴選」直播外，更增加「時尚嚴選」、「生活嚴選」、「旅遊嚴選」等 3 個直播平臺，推出品項已超過 5000 多項，建立起直播影音電商的新事業版圖，未來值得期待更加擴大。

陳昭榮：成立多個直播平臺

01 阿榮嚴選

02 時尚嚴選

03 生活嚴選

04 旅遊嚴選

· 每天直播 13 個小時！
· 商品品項超過 5000 多項！

你今天學到什麼了？
——重要觀念提示——

1. 黏住粉絲：
   行銷的極致就是黏住粉絲群，使粉絲成為死忠的顧客群，這就是成功的行銷了。

2. 知名度＋信任感：
   任何人或任何品牌，只要能在顧客群中，形塑出高知名度及高信任感，就能把業績做出來，這也是行銷人員努力的二大方向。

行銷關鍵字學習

1. 透過臉書直播賣東西
2. 已有 10 萬粉絲、3 萬名會員
3. 嚴選商品
4. 定位在消費者雲端冰箱
5. 直播電商
6. 進一步黏住粉絲
7. 重度購買者粉絲
8. 忠誠度也很高
9. 基本顧客群
10. 線上社團
11. 走到線下
12. 黏著度很高
13. 知名度＋信任感
14. 基本優勢
15. 阿榮嚴選直播
16. 3 個直播平臺

問題研討

1. 請先上「阿榮嚴選」臉書直播，了解該網購平臺現況如何？
2. 請討論陳昭榮直播電商的定位何在？
3. 請討論陳昭榮如何在線上及線下黏住粉絲？
4. 請討論陳昭榮有哪些電商直播平臺？品項有多少？
5. 總結來説，從此個案中，你學到了什麼？

7-8 麥當勞：國內第一大速食業行銷成功祕訣

麥當勞是全球第一大速食業，在 100 個國家設立 3.6 萬家門市店。在 2017年 6 月，臺灣麥當勞將股權賣給臺灣本土的國賓集團，由它取得臺灣地區麥當勞的經營管理權。

1. 通路策略

迄今為止，臺灣麥當勞在臺灣成立有 400 家連鎖店，大部分為直營店，少部分為加盟店。目前居國內最大速食連鎖店，遙遙領先肯德基、摩斯漢堡及漢堡王等競爭對手。400 家連鎖店遍布在六大都會區，對消費者非常便利。

此外，除實體店面外，麥當勞也提供網路訂餐及電話訂餐 2 種服務方式，方便消費者訂購。

2. 產品策略

麥當勞的產品策略，非常多元化，包括漢堡、飲料及咖啡三大品類。

根據該公司官網顯示，計有如下產品[1]：

(1) 漢堡／主餐：

薑菇安格斯黑牛堡、辣脆雞腿堡、嫩煎雞腿堡、凱撒脆雞沙拉、大麥克、雙層牛肉吉事堡、吉事漢堡、麥香雞、麥克雞塊、麥香魚、陽光鱈魚堡、黃金起司豬排堡、黃金蝦堡、蘋果派、薯條、玉米濃湯。

(2) 飲料：

可口可樂、柳澄汁、冰紅茶、冰綠茶、雪碧、冰淇淋。

(3) 咖啡：

義式咖啡、黑咖啡、摩卡咖啡、拿鐵咖啡、卡布奇諾咖啡。

從上述品項來看，麥當勞的產品非常豐富、多元、多樣、齊全，消費者可以有很多的選擇，顧客的需求也可以得到滿意及滿足。

參考來源：

1 此段資料，取材自臺灣麥當勞官網，並經大幅改寫而成。（www.mcdonalds.com.tw）

3. 定價策略

　　麥當勞的定價策略，算是中等價位策略，適合一般上班族及兒童或家庭消費。大約而言，麥當勞的一餐消費額，大致在 70-120 元之間，價位不算很高，因為它是屬於速食類產品，價位必須在中等價位，消費者才會去買。

4. 品質保證策略

　　麥當勞屬於餐飲行業，因此必須特別注意食安問題與品質保證問題。麥當勞來臺 30 多年來，並未出過太大的食安問題，這是難能可貴的。

　　麥當勞內部有一套嚴謹的品質管理與品質保證的標準作業流程。總結來說，麥當勞嚴選供應商並有數百項的檢驗流程，主要堅持做到下列五大項[2]：

(1) 精選全球食材
(2) 看見安心味道
(3) 吃出營養均衡
(4) 承諾產銷履歷
(5) 安心滿分保證

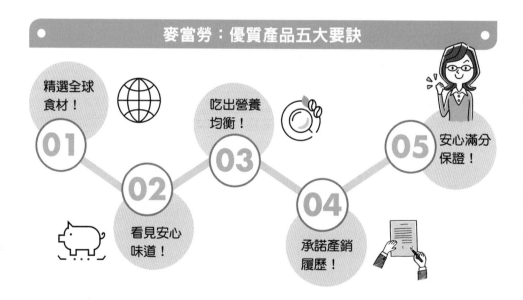

麥當勞：優質產品五大要訣

01 精選全球食材！
02 看見安心味道！
03 吃出營養均衡！
04 承諾產銷履歷！
05 安心滿分保證！

參考來源：

2 此段資料，取材自臺灣麥當勞官網，並經大幅改寫而成。（www.mcdonalds.com. tw）

5. 推廣策略

　　臺灣麥當勞非常擅長於做行銷宣傳，每年投入至少 1.5 億元的巨大行銷預算，這種金額在業界是非常大的，至少在前十大廣告主之內。

　　綜合來説，臺灣麥當勞的推廣操作策略，主要有以下幾種：

(1) 電視廣告投放：

　　由於麥當勞的顧客群非常多元，有學生、小孩、媽媽、上班族，有男有女，因此，電視廣告成了最適當的投放媒體。因為電視的受眾廣度夠，又有影音效果，因此，每年麥當勞至少花費 1 億元在電視廣告播放上。至於電視廣告片的創意訴求，主要以下列 5 項為主要內容：

① 訴求好吃的頂級牛肉。

② 訴求如何做出好吃的漢堡，增加想吃欲望。

③ 訴求如何檢驗，為食安把關，增加信賴度。

④ 訴求新開發產品上市宣傳。

⑤ 訴求代言人上場的吸引力。

(2) 網路、社群、行動廣告：

　　除了電視廣告外，由於麥當勞的目標消費族群（target audience, TA），似乎以年輕族群居多數，因此，廣告量會投放一部分比例在 FB、IG、YouTube、LINE、Google 等網路、社群及行動媒體上，希望達到傳統及數位媒體廣告的最大曝光量與品牌效果。

(3) 促銷：

　　麥當勞非常重視各式各樣的促銷活動，例如：早餐組合優惠價、麥當勞報報（APP）的優惠券、點點卡的紅利集點，甚至買一送一的大型促銷活動。

(4) 此外，在公車戶外廣告、新產品記者會等各種輔助推廣活動都有。

6. 服務策略

　　麥當勞是服務業，也高度重視對消費者的各種服務，包括 (1) 24 小時營業、(2) 得來速（開車取餐）、(3) 24 小時歡樂送、(4) 網路訂餐、(5) 手機滿意度調查填卷等，都是讓消費者感到貼心與滿足的服務措施。

7. 公益策略

　　臺灣麥當勞於 1997 年成立「麥當勞叔叔之家慈善基金會」，推出多項對兒童關懷、對兒童友善醫療與健康的照顧活動，並廣徵志工參與。

麥當勞公益行銷

· 成立麥當勞叔叔之
　家慈善基金會！

· 推廣對兒童的
　關懷！

8. 關鍵成功因素

　　總結來說，臺灣麥當勞 30 多年來，一直成為消費者簡單吃速食的首選，主要可歸納為以下幾點關鍵成功因素：

(1) 產品系列多樣化、好吃、不斷求新求變：

　　麥當勞從早期的大麥克、麥克雞塊，發展到今天更多樣化與好吃的各式口味漢堡，此種求新求變不斷豐富化產品系列，為其成功之一。

(2) 全國店數最多：

　　麥當勞在全國有 400 家店，在大都會區算是普及的，因此，到麥當勞門市店不用走太遠，此為成功因素之二。

(3) 大量廣告投放與行銷宣傳成功：

　　麥當勞年營收額夠大，因此每年可以有能力拿出 2 億元，在傳統媒體及數位新媒體大量投放廣告。廣告片的製作及創意也很吸引人，因此，帶來不錯的曝光效果，鞏固了不少人對麥當勞的忠誠度與回購率，更是穩固了每年的業績量。

(4) 價位中等：

　　麥當勞雖不是低價的，但其中等價位，使大部分人覺得 CP 值不錯，大家都買得起。

(5) 最早先入市場：

　　麥當勞在 1980 年代即進入臺灣市場，算是在 30 多年前就早已進入臺灣

速食市場，此種既有品牌印象與早入優勢，也是成功要素之一。

(6) 品質良好，無食安事故：

　　麥當勞非常重視食安問題，30 多年來，沒有發生牛肉或漢堡壞掉的食安問題，這也是麥當勞經營事業的嚴謹要求。

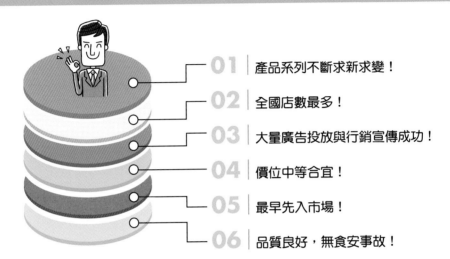

麥當勞：勝出的六大關鍵要素

01 | 產品系列不斷求新求變！

02 | 全國店數最多！

03 | 大量廣告投放與行銷宣傳成功！

04 | 價位中等合宜！

05 | 最早先入市場！

06 | 品質良好，無食安事故！

你今天學到什麼了？
——重要觀念提示——

1. 每年投入巨大廣告費用：

　　臺灣麥當勞是國內前五大電視廣告投放的品牌，每年至少 2 億元電視廣告投入。其 TVCF 的製拍也從多元角度切入，主要在訴求：好吃、安全、健康、品質佳、食安沒問題、供應商管理良好、新產品上市等訴求多面向。

2. 最早先入市場：

　　麥當勞在 1980 年代即進入臺灣市場，至今已有 30 多年，此種早入市場的品牌印象優勢，也是存在的。當然，臺灣麥當勞不斷推陳出新，也是成功要素之一。

行銷關鍵字學習

1. 國內最大速食連鎖店
2. 產品系列豐富、多元、齊全
3. 中等價位策略
4. 品質保證策略
5. 食安問題
6. 嚴格品管制度
7. 嚴選供應商
8. 承諾產銷履歷
9. 安心保證
10. 每年投入巨大廣告費用
11. 電視廣告訴求多元角度
12. 服務策略
13. 手機滿意度調查填寫
14. 公益行銷
15. 口味求新求變
16. 最早先入市場

問題研討

1. 請討論麥當勞的通路、定價與產品策略為何？
2. 請討論麥當勞的推廣與服務策略為何？
3. 請討論麥當勞勝出的六大關鍵要素為何？
4. 總結來說，從此策略中，你學到了什麼？

Chapter **8**

成功行銷的關鍵一句話
（黃金守則 86 條）

成功行銷的關鍵一句話 （黃金守則 86 條）

1. 以顧客需求為中心點，為顧客需求創造更多的滿足、價值及更多的利益。

2. 超越顧客的期待，為顧客創造驚喜感，永遠走在顧客前面幾步。

3. 永遠不能自我滿足，要不斷求進步，追求好還要更好。

4. 做行銷，成功的九字訣：求新、求變、求快、求更好。

5. 做行銷，從來沒有 100% 完美行銷決策，凡事必須快速，邊做、邊修、邊改，一直改到最好且成功為止。

6. 站在顧客立場，為顧客解決他們生活上的各項需求及痛點。

7. 永遠要記住，只要顧客生活中還有不滿足與不滿意的地方，這就是有新商機的所在。

8. 要追求長期的成功，一定要隨時全面性的檢視行銷 4P/1S，是否同時、同步都做好、做強。（註：行銷 4P/1S，product 產品力、price 定價力、promotion 推廣力、service 服務力。）

9. 做行銷，一定要先努力的把品牌力打造出來，有品牌力才有銷售業績力。品牌力包括：品牌的高知名度，高好感度，高指名度，高信賴度，高忠程度及高黏著度。

10. 做行銷，一定要努力做出產品及服務的差異化、特色化、區隔化及獨一無二性，才能突圍成功。

11. 做行銷，一定要關注顧客滿意度的狀況，一定要做到各方面顧客高滿意度，這樣顧客才會有高的回購率及回店率。

12. 做行銷，最極致與最難的是，如何提高、鞏固及強化顧客對我們家品牌的一生忠誠度，這也是行銷人員努力的終極目標。

13. 做行銷，不必專攻大眾市場，攻分眾市場、小眾市場或縫隙市場，也會有成功的一天。

14. 先追求品牌高的心占率，然後才會有好的市占率。

15. 先把產品力做好、做強、做出競爭力，因為產品力是行銷的根基。

16. 先了解消費者如何認知、如何選購及如何使用產品的行為。

17. 做行銷，要跟著顧客需求而改變，要抓緊顧客變動的節奏，才會成功。

18. 追求產品不斷的改良、升級、進化及創新。

19. 做行銷，要先革自己的命，先跟進自己。

20. 做行銷，永遠要調整、前進、再調整，直到成功為止。

21. 若能快速、精準的切入市場破口，更易成功。

22. 做行銷，必須在成熟市場中，大膽創新。

23. 不斷累積消費者的信任感。

24. 做行銷，也可以專攻小眾市場，搶占利基型市場。

25. 隨時應對市場的變化。要快速向市場學習，這才是長保市場領先的關鍵。

26. 最行銷，必須抓到消費市場的需求及脈動，然後才會創新成功。

27. 做行銷，要了解：品牌就像人的內在及氣質，每一天都要做好。

28. 必須不斷地發現新需求，開發新市場，才會使企業營收及獲利不斷向上成長。

29. 做行銷，不只賣產品，更是賣服務。

30. 聚焦在有成長動能的領域。

31. 快速跟上時代潮流及掌握市場脈動。

32. 提高對市場變化的敏銳度。

33. 做行銷，不要忘了行銷的終極目標，就是要帶給消費者更美好的人生。

34. 好產品＋好行銷＝好業績

35. 做行銷，要讓消費者有想買的感覺。

36. 儘可能保有先入市場優勢及先發品牌優勢。

27. 做行銷，最成功的就是要長期保有一大群能支撐每年穩固業績的忠誠顧客。

38. 嚴格把關產品及服務的雙品質。因為品質就等於是顧客的信賴感，也是品牌的生命。

39. 必須同時做好「四值」：高 CP 質、高品質、高顏值（設計、包裝值）及高 EP 值（體驗值）。

40. 只要能照顧好顧客，生意自然就會來。

41. 打造品牌力及業績力時，注意做好傳播策略、媒體策略及每一次的傳播主軸。

42. 邀請適當的藝人、醫生、教授、名人及使用見證人，做為代言人廣告，以增強廣告及品牌的說服力、信任感。

43. 必須經常到現場去實戰觀察，才知道對策何在。

44. 必須確保品牌不老化，永保品牌年輕化。

45. 做行銷，一定要努力做出品牌的常勝軍。

46. 必先照顧好老顧客、老會員，再來才是開拓新顧客、新會員。

47. 採取多品牌策略，可使營收及獲利更加成長。

48. 做行銷，就在不斷強化顧客的黏著度、信任度及忠誠度。

49. 多接受市場磨練及傾聽顧客意見反應。

50. 永遠保持走在顧客的最前面。

51. 方向錯了就要馬上改過來，直到方向正確。

52. 必須帶給消費者高 CP 值、高 CV 值、高性價比的感受。

53. 必須時時保持必要的廣告曝光度及廣告聲量，避免顧客遺忘品牌。

54. 必須做好對消費者有深度的洞察及熟悉（consumer insight）。

55. 每年必須要有適度的行銷（廣宣）預算投入，才能不斷累積出「品牌資產」
的價值出來。

56. 公司必須同步投入研發並技術升級，才會成功。

57. 當公司資源有限時，必須集中資源在主力戰略商品上。

58. 必須用年輕人的語言與年輕人傳播溝通。

59. 做行銷，要考慮到對顧客的利益點（benefit）及新價值感。

60. 必須要不斷錘鍊出強項產品，不斷精益求精。

61. 產品不怕賣貴，就怕沒特點、沒特色。

62. 必須不斷努力鞏固及提升市占率。（市占率代表品牌在市場上的地位與
排名）

63. 要不斷地去創新，要大膽去做，走舊路到不了新的地方。

64. 要記住消費者不會永遠滿足，所以永遠要進步。

65. 勇敢追求市場第一名品牌，當成是不可迴避的使命感。

66. 必須定期提供對顧客的促銷優惠誘因，才能持續提高買氣。

67. 隨時保持品牌的新鮮度。

68. 做行銷必要時，要有詳盡的顧客市調，作為行銷決策的科學基礎。

69. 做行銷，做服務業，對高端顧客要有一對一客製化高檔客服。

70. 做行銷，務必要提高新產品研發及上市成功的精準性。

71. 善用對的代言人做廣告宣傳，必可快速、有效的拉抬品牌知名度及好感度。

72. 小品牌、小企業沒有預算做廣告宣傳，只有從自媒體、社群媒體及口碑行銷做起，逐步慢慢的打出品牌知名度。

73. 在通路上架策略上，一定要努力上架到主流的、大型的、連鎖的實體零售據點，以及電商網購通路去。一定要讓消費者方便的、很快的、就近的買得到產品。

74. 做行銷，一定要體認到服務的重要性。如何提供及時的、快速的、能解決問題的、頂級的、用心的、優質的、令人感動的美好服務。

75. 在定價的策略上，一定要讓消費者有物超所值感，有好口碑，這樣顧客才會回流。

76. 不要忽略了要善盡企業社會責任（CSR），若能做好公益行銷，必能對企業形象及品牌形象帶來莫大的潛在助益。

77. 做行銷，必須了解電視廣告的持續性投入是必要的，對品牌力的提升是具有直接實質的幫助，對業績的提升則有間接的助益。

78. 必須先確定品牌定位何在，以及鎖定目標消費族群（TA），才能夠持續行銷 4P/1S 的計畫。

79. 一定要重視會員經營及會員卡經營，唯有給會員定期的優惠及折扣，才能吸引出會員的高回購率及回店率。

80. 高品質值得高價位。

81. 永遠保持企業永續成長的動能，要不斷有新產品、新品牌、新服務、新市場的持續性推出。不斷成長，才是王道。

82. 必須注意在不同地區要有因地制宜的策略，標準化策略不可一套用到底。

83. 應注意品牌名稱，一定要好記、好念、好傳播，最好在兩個字以內，不得已三個字，四個字以上就太長不適合了。

84. 面對外部激烈的環境變化，必須要快速、有效的回應市場變化。

85. 一定要使顧客有美好的體驗感，故體驗行銷是越來越重要，更加值得重視。

86. 一定要記得：滿足顧客需求的路程，永遠不會有終點。我們一定要比顧客還了解顧客，沒有顧客，企業就不存在了，空了。顧客永遠是第一的，一定要把顧客放在利潤之前。

國家圖書館出版品預行編目資料

超圖解行銷個案集：成功實戰個案分析／戴國
良著. －－初版. －－臺北市：五南, 2020.10
　面；　公分
ISBN 978-986-522-222-2 (平裝)
1.行銷管理 2.個案研究
496　　　　　　　　　　　109012902

1FSH

超圖解行銷個案集：
成功實戰個案分析

作　　　者－戴國良

發 行 人－楊榮川

總 經 理－楊士清

總 編 輯－楊秀麗

主　　　編－侯家嵐

責 任 編 輯－侯家嵐、鄭乃甄

文 字 校 對－陳俐君、侯蕙珍

封 面 完 稿－姚孝慈

內 文 排 版－張淑貞

出 版 者－五南圖書出版股份有限公司

地　　　址：106臺北市大安區和平東路二段339

電　　　話：(02)2705-5066　傳　真：(02)2706

網　　　址：http://www.wunan.com.tw

電 子 郵 件：wunan@wunan.com.tw

劃 撥 帳 號：01068953

戶　　　名：五南圖書出版股份有限公司

法 律 顧 問　林勝安律師事務所　林勝安律師

出 版 日 期　2020年10月初版一刷

定　　　價　新臺幣300元

※版權所有，欲利用本書內容，必須徵求本公司同意※

五南
WU-NAN

全新官方臉書

五南讀書趣

WUNAN
Books
since1966

Facebook 按讚

1秒變文青

五南讀書趣 Wunan Books

★ 專業實用有趣
★ 搶先書籍開箱
★ 獨家優惠好康

不定期舉辦抽獎
贈書活動喔！！

經典永恆・名著常在

五十週年的獻禮——經典名著文庫

五南，五十年了，半個世紀，人生旅程的一大半，走過來了。

思索著，邁向百年的未來歷程，能為知識界、文化學術界作些什麼？

在速食文化的生態下，有什麼值得讓人雋永品味的？

歷代經典・當今名著，經過時間的洗禮，千錘百鍊，流傳至今，光芒耀人；

不僅使我們能領悟前人的智慧，同時也增深加廣我們思考的深度與視野。

我們決心投入巨資，有計畫的系統梳選，成立「經典名著文庫」，

希望收入古今中外思想性的、充滿睿智與獨見的經典、名著。

這是一項理想性的、永續性的巨大出版工程。

不在意讀者的眾寡，只考慮它的學術價值，力求完整展現先哲思想的軌跡；

為知識界開啟一片智慧之窗，營造一座百花綻放的世界文明公園，

任君遨遊、取菁吸蜜、嘉惠學子！